KB105358

자연덕후,
자연에 빠지다

자연덕후,
자연에 빠지다

지은이 **장이권 외 25인**

GEOBOOK 지오북

머리말

나는 2012년부터 야생생물의 행동생태를 일반인들과 같이 연구하고 있다. 우리 실험실의 인력과 예산만으로는 시공간적으로 넓은 범위에서 벌어지고 있는 생물들의 생태를 제대로 연구하기 어렵다. 그래서 어린이 과학 잡지를 발간하는 어린이과학동아와 협력하여 온가족이 함께 생태 탐사를 하는 시민과학 <지구사랑탐사대>를 이용하여 생태학 연구를 수행하고 있다. 탐사대원들이 기록한 관찰 자료는 수원청개구리의 보전, 화분매개자의 생태 및 매미의 시공간 분포 연구에 활용되어 논문과 학회발표와 같은 학술 결과를 낳고 있다. 이 시민과학 활동은 나의 연구에 큰 보탬이 되었다. 그러나 내가 진정으로 얻은 것은 논문의 개수 등으로 환산할 수 없는 값진 보물들이다.

그 보물 중에서 가장 빛나는 보석은 아이들이다. 초등학교 고학년 때 <지구사랑탐사대>를 처음 시작했던 어린 아이는 이제 어엿한 고등학생이 되었다. 처음에 나에게 말하는 것도 부끄러워하던 아이는 이제는 강연장에서 서서 자신의 생각을 과감하게 펼치는 중학생 소녀로 탈바꿈하였다. 항상 다른 아이들 뒤에서 멀뚱거리며 서있던 아이는 이제 뛰어난 자연관찰 능력을 넘어 관찰했던 동물들을 놀라운 그림으로 표현하고 있다. 또 철부지 같았던 한 아이는 이제 우리 실험실의 최연소 연구원이 되어 활약하고 있다.

영장류 어린이들은 자연에 빠지고 싶어 한다. 그러나 우리 인간 사회에서 부모의 협조 없이 아이들이 스스로 자연을 만나는 일은 점점 어려워지고 있다. 그래서 아이들이 탐사하고 싶을 때 기꺼이 하고 싶은 일을 포기하고 아이들을

자연으로 실어 나른 부모님들이야말로 내가 존경하는 분들이다. 그런데 부모님들은 아이들의 탐사를 돕다가 어느새 아이들보다 더 자연에 빠져들게 되었다. 처음에는 내비게이션에도 찍히지 않는 시골 논두렁에서 제대로 탐사가 되는지, 황당해하던 분들이었다. 하지만 시간이 지날수록 서로 친해져 배가 고파지면 준비해온 음식을 나눠먹거나 식당에 가서 간단한 음식으로 이야기꽃을 피우며 탐사의 모든 어려움을 잊곤 하였다. 부모님들도 이제 당당한 시민과학자가 되었다.

자연에 빠진 아이들과 부모님들이 야외에 나가면 따르는 사람은 따로 있다. 탐사할 기회가 있으면 절대 놓치지 않는 대학생들이나 청년들이다. 이들은 자연에서 보내는 시간을 최고로 생각한다. 이런 자연덕후들은 길든 짧든 우리 실

험실을 한번쯤 거쳐 지나간다. 나는 이들을 보면서 나의 학창시절을 회상하며 만감이 교차한다. 그들은 늘 자연에서 조금이라도 더 보내고 싶은 마음과 당장 눈앞에 닥쳤지만 직접 해결하기 어려운 현실 사이에서 갈팡질팡할 때가 많다. 나는 이들이 마음의 방향과 인생의 항로가 일치되는 길을 걸어가길 바라고 있다. 그리고 이들이 그렇게 하도록 돕는 일이 나의 일이라고 생각한다.

시민과학에 참여했던 분들을 그동안 자주 만났지만 내가 진정으로 이들을 알게 된 계기는 <2018 자연덕후 사진전>을 추진하면서부터이다. 나는 이들이 자연을 즐긴다는 것을 알고 있었지만 밤을 새워가며 사진전에 사용할 헌 택배 상자를 자르고 다듬는 열정이 있다는 것은 몰랐다. 사진전에 출품할 사진을 찾기 위해 사진을 뒤지다가 몇 년 전의 추억에 빠져 늦은 밤까지 단톡방이 분주했던 적이 한두 번이 아니었다. 겨울 내내 진행된 사진전에서 관람객들에게 자신의 경험을 열심히 설명하는 아이들과 부모님들의 모습에서 나는 자연덕후의 삶을 엿볼 수 있었다. 이들은 누가 시키지 않아도 내 안의 열정을 따라가는 자연덕후였다.

이 책은 사진을 통해 생물들의 특징이나 생물을 대면하였을 때 느끼는 감정을 전달한다. 그러나 이 책에서 우리가 진짜로 하고 싶은 말은 자연덕후의 삶이다. 이 책의 저자는 초등학교 학생부터 중장년대의 어른까지 다양한 연령대에 걸쳐있다. 그래서 단순히 자연의 멋진 모습을 전달하는 책이 아니고, 자연을 탐사하는 자연덕후들이 성장해가면서 느끼는 자연에 대한 각양각색의 마음과 자세를 표현하고 있다. 개구리 노래를 듣고 아무 생각 없이 방금 산 옷을 입고 습지에 첨벙첨벙 들어가는 해맑은 아이가 있는 반면 그 뒤에서 진흙으로 범벅이 된 옷을 힘들게 세탁해야하는 어머니들도 있다. 생전 처음 보는 생물을 보면서 최고의 하루를 만끽하는 학생이 있는 반면 매년 악화되는 환경을 보면서 그 안에 살고 있는 생물들이 사라지는 것을 우려하는 대학생들도 있다. 이제 탐사의 맛을 조금씩 알아가는 아이부터 야생생물들을 연구하는 전문 연구자까지 자연이라는 커다란 무대에서 살며 느끼며 소통하고 공감하는 모습을 전달하고 싶다.

나는 아이가 자연에서 뛰놀고 탐사할 수 있게 해주는 것은 부모가 아이에게 줄 수 있는 최고의 선물이라고 생각한다. 아이는 자연에서 놀면서 만나는 생물들을 학습하고, 친구들과 생물이야기를 하면서 아름다운 꿈을 꾸게 된다. 이런

아이는 자연에 빠져들면서 그 안에 벌어지는 일에 관심을 갖게 되고 자연이 주는 아픔, 즐거움, 괴로움을 체험하게 된다. 그리고 그 아이는 자연을 바탕으로 자신이 하고 싶은 일을 스스로 결정하며 자신만의 스토리를 만들어간다. 그런 다음 자신의 모든 에너지를 쏟아 부어 스토리를 열매 맺게 노력한다. 남들은 스펙만을 위해 모든 노력을 집중할 동안, 자연에 빠진 자연덕후는 자신의 스토리를 위해 스펙을 주워 담고 있다.

많은 분들의 지속적인 관심과 노력이 이 책을 탄생시켰다. 제일 먼저 <지구사랑탐사대>를 발족시키고 처음부터 열렬한 후원자가 된 장경애 동아사이언스 대표이사님께 감사드리고 싶다. 물가에 놀고 있는 아이를 둔 심정으로 항상 아이들을 챙기고, 탐사의 처음부터 끝까지 세심한 배려를 아끼지 않는 고선아 센터장님이 없었으면 이 책이 세상의 빛을 보기 어려웠다. 누구도 생각하지 못했던 말과 깜짝쇼로 항상 우리를 즐겁게 해주는 김원섭 소장님께 고마움을 전한다. 어린이과학동아의 기자님들, 특히, 김정, 서경애, 김예은, 이윤선, 김경현 기자님들과 지금은 다른 곳에서 일하시는 김은영, 이상아, 변지민 기자님들께 애 많이 쓰셨다고 말씀드리고 싶다. 조만간 김정 편집장님의 아이가 탐사대에 참여하는 것을 보고 싶다.

<2018 자연덕후 사진전>을 후원한 재단법인 숲과나눔에 깊은 고마움을 전달하고 싶다. 이 풀씨사업으로 선정되어 사진전을 추진할 수 있었고, 그 결과의 하나로 이 책을 출간하여 자연덕후의 이야기를 전달할 수 있게 되었다. 탐사의 풀씨 하나가 땅에 파묻혀 있다가 싹이 나고, 쭉쭉 자라 이제 나무로 성장하였

다. 마지막으로 <2018 자연덕후 사진전>에 직접 참여하시고, 자연덕후의 삶을 책으로 출간한다는 우리들의 말도 안 되는 생각을 실현할 수 있게 도와주신 지오북의 황영심 대표님께 감사드린다. 이 분도 내가 알고 있는 최고의 자연덕후 중 한분이다.

우리 사람은 자연에서 시간을 보내고, 자연을 탐사하기 좋아한다. 자연에서 다른 사람을 만나 이들과 방금 발견한 생물이 무엇인지, 무엇을 하고 있는지 궁금해 한다. 자연과 사람이 함께 어우러지는 과정에서 자연덕후들은 삶의 방향과 의미도 찾고 있다. 이제 덕후의 세상이다!

지은이 대표 장이권

CONTENTS

2장 자연이 뭐지?

3장 자연과 놀다

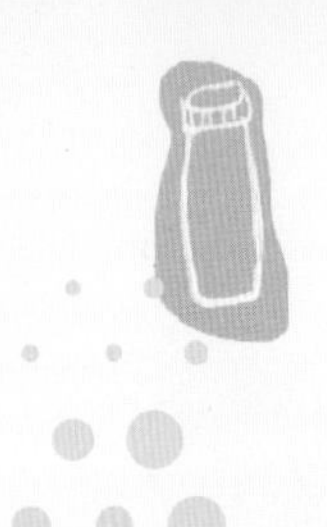

4장 자연에 꽂히다

5장 자연과 하나되다

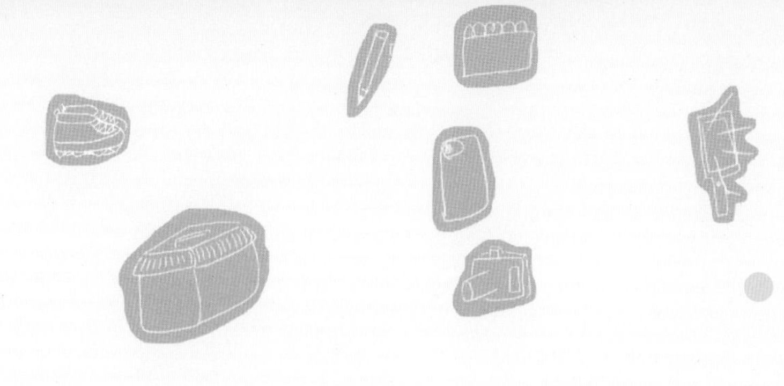

1 자연에 빠지다

우리는 어린 시절부터 자연에 풍덩! 빠져서 더 이상 헤어 나올 수 없는 레알 자연덕후들이에요.
우리의 못 말리는 덕질은 이제 학문과 연구로 이어져 깊이를 더해가고 있어요.

현준서 상품중학교 3학년

어렸을 때부터 다양성이라는 매력에 빠져서 곤충에 관심을 갖게 되었다. 초등학교 4학년 때 쌍살벌에 빠져 왕바다리를 나의 마스코트 같은 존재로 여겼다. 지금은 벌들의 종 수만큼이나 다양한 생태에 반해서 벌목 곤충들의 분류와 생태를 공부하고 관찰하며, 차근차근 연구해 보고 싶다. 앞으로도 곤충과 자연을 알아가는 즐거움을 느끼며 살면 좋겠다.

*황금빛 제주왕바다리

2017년 여름방학, 제주도로 4박 5일 동안 가족여행 겸 탐사를 가게 되었다. 그곳에서 꼭 보고 싶었던 곤충들 중 하나인 제주왕바다리를 만날 수 있었다. 첫날, 한라산에서 하산하는 길에 모노레일 탑승장의 처마 밑을 살펴보았다. 방이 200개 정도 되는 손바닥 크기의 집과 벌들이 보였는데 순간 한라산 등반의 피로가 모두 풀리는 듯 했다. 그리고 제주왕바다리의 황금빛 또는 감귤빛의 멋진 체색을 한참 동안 넋 놓고 바라보면서 열심히 셔터를 누르며 사진을 찍었다. 우리나라 쌍살벌아과에 속한 모든 종을 드디어 다 보았다는 성취감과 기쁨이 정말 컸다. 이튿날 나는 바닷가 근처에 있던 숙소에서 목재를 갉아 집재료를 모으는 일벌을 보았는데, 그 뒤로도 외돌개와 주상절리 등 바다 근처에서 심심찮게 볼 수 있었다. 어디선가 읽었던, 귀하거나 보고 싶었던 곤충은 한 번 보면 계속 볼 수 있다던 말이 생각난다.

제주왕바다리의 모습. 우리나라에 서식하는 쌍살벌 총 12종 중 한 종류이다.

제주왕바다리의 집. 모노레일 탑승장의 처마 아래에서 발견했다.

먹이를 나르는 육지의 왕바다리. 제주왕바다리와는 체색으로 구분할 수 있다.

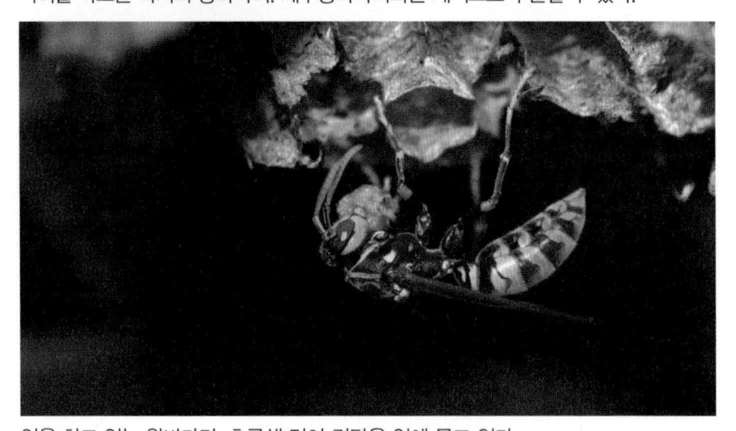

일을 하고 있는 왕바다리. 초록색 먹이 경단을 입에 물고 있다.

알에서 깨어난 하얀 머리의 수벌. 그 주변으로 이듬해 여왕벌이 될 벌들이 모여 있다.

*밑들이벌의 산란

지난여름 어느 날, 설렘을 품고 여주에 있는 대로사로 향했다. 작년부터 보고 싶었던 밑들이벌의 산란 장면을 담기 위해서였다. 서원의 한쪽 구석에서 한참 기다리자 마침내 한 마리가 나무에 앉아 더듬이로 산란 장소 탐색을 시작했다. 밑들이벌은 가위벌류의 유충에 기생하는데 마치 투시력을 쓰는 듯한 더듬이의 정교함이 놀랍기만 하다. 드디어 녀석이 산란관을 꺼낸다. 밑들이벌만의 특이한 점은 다른 맵시벌류들과는 달리 산란관이 배면의 배와 가슴 사이에서 시작해서 평소에는 등쪽으로 말려져 업혀 있다는 것이다. 산란관은 등이 갈라지며 뽑히는 것처럼 보이는데, 마치 에일리언을 연상케 한다. 그렇게 하면 산란관을 꽂을 때 다

산란하는 밑들이벌. 배 밑에서 나오는 산란관을 나뭇결과 수직으로 꽂는다.

른 맵시벌들에 비해 힘이 덜 들지 않을까 하는 혼자만의 추측도 해보고 산란할 때 몸의 방향이 늘 나뭇결과 평행하다는 나름 신기한 사실도 찾아냈다. 벌들의 생태는 그 종 수만큼이나 다양한 것 같다.

*길앞잡이와 함께 한 추억

유치원 때부터 곤충을 좋아했던 나는 초등학교에 입학하고도 매일 매일 어린이용 잠자리채를 들고 돌아다니며 개미집 뿐만 아니라 여러 곤충들을 관찰했다. 특히 길앞잡이를 관찰해보고 싶어서 뒷산과 공터를 몇번이나 왔다 갔다한 기억이 난다. 그러던 중에 어디선가 특유의 날갯짓 소리와 함께 딱지날개 아래 푸른빛이 햇빛에 번쩍이면 설렘과 함께 저절로 고개가 돌아갔다. 어느 날은 잠자리채를 챙겨가지 못해 입고

햇볕을 즐기고 있는 길앞잡이. 초록머리에 빨간 등무늬가 뒤섞여 황홀한 빛을 낸다.

있던 외투로 덮쳐서 잡았던 일도 생각난다. 그때 처음으로 길앞잡이를 잡아 통에 넣고 관찰을 했는데, 그 황홀한 빛깔이 아직도 기억에 생생하다. 지금도 길앞잡이는 매년 처음으로 겨울잠에서 깨어나 짝을 찾아 활동할 때마다 내게 반가움을 안겨주는 곤충이다.

*신비한 기생 세계, 중기생자 흰허리고치벌

지난 2017년 가을, 나는 집 책꽂이에 진열해놓은 쌍살벌들의 집에서 정체 모를 5mm 정도 크기의 작은 벌을 십여 마리 정도 발견했다. 인터넷을 뒤져서 알아낸 녀석의 이름은 흰허리고치벌인 듯했다. 자료에는 주로 명나방류의 유충에게 기생한다고 나와 있었다. 아! 그제서야 수수께끼가 풀린 느낌이었다. 명나방 중에는 쌍살벌집에 기생하는 종이 2종

책꽂이에 놓인 쌍살벌집에서 기생하고 있는 작은 벌들의 모습(좌).
작은 벌들이 뚫고 나온 구멍이 보인다(우).

정도 있다. 집에 들여놓은 벌집에 어쩌다가 명나방이 기생했고 그 명나방 유충에 다시 흰허리고치벌이 기생한 것으로 보였다. 재미있었다. '벌에 기생하는 나방에 기생하는 벌'이라니. 지인 분께서는 그렇게 다른 생물에게 중복하여 기생하는 생물을 hyperparasite(중기생자)라 부른다고 알려주셨다. 기생의 세계와 벌들의 생태는 신기하고 재미있는 점이 많은 것 같았다. 그리고 그런 것들을 하나씩 알아가는 것은 나에게 큰 즐거움이다.

쌍살벌집에서 발견한 흰허리고치벌.
쌍살벌집에 기생하는 명나방 유충에 다시 기생한다.

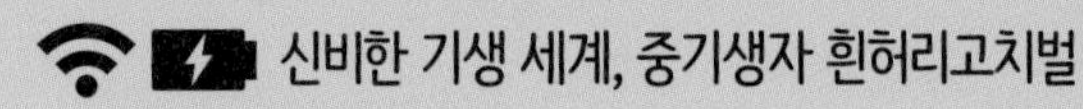

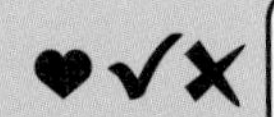

저 벌이 책꽂이에 둔 쌍살벌집에서 나왔다고!!! 와우~ 너의 방에는 또 누가 사니? 갑자기 궁금해졌어~~~

그쵸? 저도요~ 왠지 모를 위험이 도사리고 있을 것 같기도 하고…ㅎㅎㅎ 벌 박사 방 궁금하네요^^

늑대거미랑 성충이 누군지 확인해보려는 나나니&기생벌류들 고치 몇 개입니다. 생각하시는 정도까진 아닐 듯요…^^;;

쌍살벌집에만 기생을 하니? 다른 벌집에도 저렇게 기생의 기생을 하는지 궁금하네?

맴맴

음… 잘 모르겠지만 벌집보다는 직접적으로 기생하는 숙주인 명나방의 여부가 중요할 것 같습니다!! 글에 적은 쌍살벌집에 기생하는 2종뿐만 아니라 식물 이파리나 곡식 등을 먹고 사는 명나방도 많으니 저 벌이 그런 종류에게 기생할 때는 중기생의 경우가 아닐 것 같고요~

현준서

개골도사

우리 동물은 반드시 외부에서 영양물질을 섭취해야 합니다. 초식과 포식의 단점은 자주 식사를 하기 위해 풀을 뜯던지 사냥을 해야 합니다. 기생도 다른 생물로부터 영양물질을 얻는 방법입니다. 초식과 포식에 비해 기생의 장점은 사냥을 한 번만 하면 아주 오랜 기간 동안 식사를 할 수 있습니다. 영양물질을 얻는 아주 좋은 방법이지요. 사자처럼 멋있는 사냥은 자주 보여주지 못해서 아쉽지만 사자보다 쉬운 방법으로 살아가는 것 같아요.

글을 한 번 더 보고 생각해보니 흰허리고치벌이 100% 확실한 것이 아니라서 설명을 조금 추가했습니다. 여담으로 기생하는 생물들은 개골도사님의 말씀해주셨듯이 사자나 다른 육식동물들처럼 멋진 사냥은 보여주지 못해 아쉽지만 다양한 기생 전략과 그 모습들을 관찰하는 재미도 있는 것 같습니다.

현준서

정이준

강원대학교 생명과학과 2학년

어릴적부터 물고기를 좋아한 물고기 덕후. 물고기는 보편적인 인식과는 달리 상당히 고차원적인 생물이다. 물 밖 생활에 맞춰 진화하고 살아온 인간의 시선으로 물속에 맞춰 진화하고 살아온 생물을 보았으니 이해하기 어려웠을 뿐이다. 사람들이 잘 모르는 물고기들의 이야기를 널리 알려 물고기에 대한 인식을 개선하고 지켜나가는 것을 목표로 활동하고 있다.

*피라미의 군무

우리나라에서 가장 흔한 물고기중 하나인 피라미는 환경적응력이 좋아 어디서든 잘 발견된다. 혼인색이 없을 때는 너무 밋밋해서 천덕꾸러기 취급을 당하기도 한다. 그러나 경상남도 덕천강에 야간 조사를 갔던 날 내가 본 피라미 무리는 특별했다. 물 밖에서 보면 별 볼일 없는 물고기 무리일지 모르나, 물속에서 본 피라미의 무리는 마치 유성우를 보는 듯한 느낌이었다. 인간의 시선이 아닌 물고기의 눈높이로 바라볼 때 물고기도 자신의 신비를 우리에게 보여준다. 물고기를 연구하는 사람에게 있어 가장 기본이 되어야 하는 자세이다.

피라미의 군무. 그날 밤의 군무는 넋을 놓고 바라볼 만큼 아름다웠다.

물고기가 없는 여울. 물은 모든 생명체의 근원이며,
물고기는 물속 생태계가 살아있음을 보여주는 대표적인 생명체다.

*삭막한 여울

2014년 겨울날 친구들과 함께 단양으로 산천어를 찾아 나섰다. 단양의 어느 산속에 있는 계곡에 도착해서 물고기를 찾았으나 산천어는 없었다. 계곡이라면 꼭 보이는 버들치나 참갈겨니조차 보이지 않았다. 세찬 물이 흐르는 여울 속은 이상하리만치 고요했다. 때마침 지나가는 주민에게 물어보았다. 그 분은 얼마 전 누군가 와서 배터리를 이용해 물고기들을 싹 쓸어갔다고 하셨다. 화도 나고, 안타까웠다. 배터리를 이용한 어획은 하천을 완전히 붕괴시키는 행위이고, 명백한 불법이다. 물고기가 없는 여울은 죽은 하천이다. 너무나도 삭막한 여울이었다.

*모래를 닮은 물고기

서울을 관통하는 한강 하류에는 하굿둑이 없기 때문에 조수간만의 영향을 받는다. 그래서 다른 큰 강 하류에서 보기 힘든 수많은 물고기들을 만날 수 있게 해준다. 그 중에서 가장 흥미로운 물고기는 '강주걱양태'로, 얼핏 봐도 굉장히 특이하게 생겼다. 몸의 무늬는 모래와 유사하고, 납작한 몸에는 검은 등지느러미가 있다. 바다에도 이와 비슷한 물고기가 있는데 '양태'라고 한다. 강주걱양태는 양태를 작게 줄여놓은 것처럼 보이는 물고기이다. 다른 큰 강 하류에는 하굿둑이나 방조제가 들어선 이후 강주걱양태를 더 이상 찾기 힘들다. 가만히 보고 있으면 모래 속에 숨어서 눈만 내밀고 있는 모습이나, 몸의 위쪽에 달린 아가미로 모

이름도 습성도 재미있는 강주걱양태.
어디에 숨었을까? 숨은그림찾기를 하는 느낌이다.

매력적인 강주걱양태의 모습. 우리나라 강에도 신기한 물고기들이 많이 살고 있다.

래를 뿜어내는 모습, 까만 등지느러미를 접었다 폈다 하는 모습이 일품이다.

*위대한 대자연의 순환

단풍이 한창일 즈음 머나먼 북태평양에서 연어들이 동해안 하천으로 돌아온다. 이들은 먹이도 먹지 않고 살갗이 터지는 고통을 감수하며 물을 거슬러 올라간다. 오로지 자손을 낳기 위해서이다. 그러나 이들의 죽음은 헛되지 않다. 죽은 연어들의 사체는 수서생물들과 주변의 숲을 살찌운다. 수서생물들은 어린 연어의 먹이가 되고, 하천 변의 숲은 어린 연어가 살아갈 환경을 제공해준다. 강과 숲의 보살핌을 받은 연어들은 다시 머나먼 바다로 나간다. 숲과 강, 그리고 연어의 순환 고리를 보면 자연의 위대함을 느낄 수 있다.

연어는 알을 지킬 필요가 없지만, 우리의 죽음이 새끼들을 키울 거야. 틀림없이 강이 알들을 지켜줄 거라고 믿어.

안도현, 『연어』 中

강물을 거슬러 오르는 연어들. 바다에서 살아 돌아오는 연어는 많아야 3% 남짓, 그럼에도 연어의 여정은 멈추지 않는다.

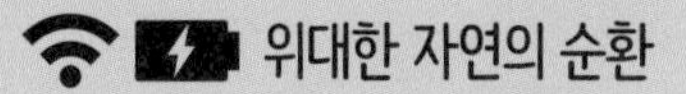

위대한 자연의 순환

강으로 돌아오는 연어, 대단하더라고요. 말로만 들었는데 직접 보니까 정말 온몸이 찢겨져 있던데 자연의 위대함을 본 거 같아요.

장풍이

상처도 많고 힘도 없고 야윈 연어들이 불쌍했지만 자연의 이치라니~ 강을 거슬러 올라가야 하는데 연어가 올라갈 수 없을 만큼 높은 시멘트 둑에 죽어있는 연어들을 보니 정말 안타까웠어요.

TV에 다른 나라 사례로 다큐 나오는 것만 주로 보다가 연어가 우리나라에도 있다는 걸 안 자체가 충격이었어요… 많은 사람들이 저와 비슷할 것 같은데요? 우리가 모르는 사이 둑이 만들어지다니….

곤줄곤줄

맞아요~ 연어가 우리나라에 산란하러 올 줄이야~~

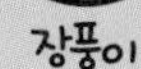

번식을 위해 돌아오는 연어~ 점점 변해가는 하천의 모습에서 앞으로 연어를 계속 볼 수 있을까? 싶은 생각이 드는군요….

맴맴

조명동
강원대학교 생물자원과학부
응용생물학과 2학년

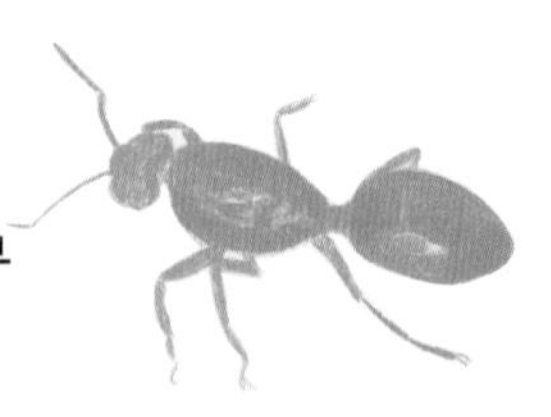

개미의 행동학에 푹 빠져있다. 작지만 복잡한 사회를 가진 개미에 매료되어 이들을 공부하고 있고, 개미를 만나기 위해 산, 들, 섬 등의 자연을 탐험하며 자연생태덕후의 삶을 살아가고 있다. 자연에서 만나는 개미들은 언제나 열정적인 탐사의 원동력이 되고 있으며, 앞으로도 꾸준히 두근거리는 마음으로 개미를 탐사하고, 공부하고 싶다.

*고립

덕적도 옆에 자리 잡은 작은 섬인 소야도에서 개미 탐사를 시작했다. 썩은 나무, 부엽토, 돌 및 등 개미가 서식할 것으로 추측되는 장소들을 열심히 찾아본다. 넓적하고, 흙 속에 너무 깊이 묻히지 않은 적당한 돌이 보였다. 어떤 개미가 있을지 궁금한 마음으로 뒤집어본다. 황색 빛깔의 몸, 유난히 작아 둔해 보이는 눈을 가진 두더지털개미들이 번데기를 돌보고 있었다. 이 개미는 전국에 서식하긴 하지만 육지로부터 멀리 떨어진 섬에서까지 관찰되니 신기했다. 이런 종들은 아주 오래전부터 육지로부터 고립되어 자신들의 삶을 꾸려가고 있다. 먼 훗날에는 어떤 모습으로 변해갈지, 생각만 해도 두근거리는 생물의 진화에 대한 즐거운 상상을 하게 만든다.

돌 아래에서 발견한 두더지털개미의 집. 지하성 종으로 주로 흙 속에서 발견된다.

*새해 첫 탐사

2019년 1월 1일 새해, 동면하는 개미의 생태를 관찰할 수 있는 좋은 기회가 찾아왔다. 아침부터 장비를 챙겨 산으로 출발했다. 겨울의 개미 탐사는 매우 어렵다. 추운 날씨에 흙은 모두 꽁꽁 얼어붙고, 개미는 겨울잠을 자기 위해 땅속, 돌 틈, 나무 사이로 비집고 들어가기 때문이다.

열심히 산을 돌아다녔지만 개미는 쉽게 보이지 않았다. 절벽을 미끄러져가며 내려가던 중 큰 바위가 보였다. 일자 드라이버를 이용해 바위를 들어 올리자 반짝거리는 개미 무리가 보였다. 갈색발왕개미이다. 추운 날씨에도 바위틈은 얼지 않은 수분으로 촉촉했으며, 서로를 의지하고, 웅크려서 겨울을 견디고 있었다. 한편으로는 이들의 삶을 방해했다는 미안함이 들었지만 그래도 보석같이 반짝거리는 갈색발왕개미는 나의 마음을 따뜻하게 만들었다.

일개미와 애벌레들(좌)과 날개 달린 수개미(우). 서로 의지하며 동면 중이다.

갈색발왕개미의 전체적인 동면 모습. 돌 밑에서 겨울을 지낸다.

역설

도심지가 늘어갈수록 개체 수가 많아지는 개미가 있다. 주름개미이다. 사람에 의해 조금이라도 지반이 단단해지거나 건조한 환경이 갖추어지면 주름개미는 어디든지 보인다. 그래서 주름개미는 나에게 그다지 반가운 개미가 아니다. 주름개미가 보이면, 사람에 의해 생태계가 변화했을 확률이 있음을 의미하기 때문이다.

강화도는 사람에 의한 상처가 많아 어김없이 주름개미가 많이 보였다. 밤에 가로등 불빛에 이끌려 날아온 생식개미를 찾기 위해 도로를 걸

도심지가 늘어갈수록 쉽게 발견할 수 있는 주름개미. 곤충의 사체를 먹고 있다.

고 있었는데, 가로등 아래에서 먼지벌레류 곤충의 사체를 먹고 있는 주름개미가 보였다. 터져버린 먼지벌레의 내장과 으깨진 머리를 보니 아마 가로등 빛에 날아왔다가 사람의 발에 밟혀버린 것으로 추측된다. 사람의 무심결의 행동으로 죽어간 먼지벌레 그리고 그 사체를 먹이로 삼은 주름개미. 이 역설을 어떻게 이해할 것인지…. 여러가지 오묘한 생각이 드는 날이었다.

*행복한 만남

개미를 좋아하는 나에게 넓적다리왕개미는, 환상의 개미이다. 살아 있는 나무에 붙어있는 죽은 나뭇가지에 군락을 짓고, 여왕개미나 병정개미의 유난히 튀어나온 이마방패로 군락의 입구를 막는 독특한 생태를 가지고 있다. 남쪽 해안가라는 한정된 서식지와 나무 위에 서식하는 점 때문에 쉽게 발견되지 않는다.

이는 나를 매료시켰고, 반드시 만나겠다는 생각으로 장비를 챙기고 완도로 떠났다. 하지만 완도의 식물들은 상록수가 많아 잎이 두껍고, 섬이 전체적으로 건조해 두꺼운 이파리가 쉽게 부식되지 않아서 개미가 좋아하는 퇴적층이 얇기 때문에 탐사가 쉽지 않았다. 그래도 밥 대신 초

죽은 나뭇가지 사이의 넓적다리왕개미. 이름에 걸맞게 허벅지가 두껍다.

병정개미의 튀어나온 이마방패.
병정개미의 머리는 군락의 입구를 막기 위해 크고 각이 져있다.

코파이를 먹어가며 새벽까지 개미를 찾아다녔다. 결국 죽은 나뭇가지 사이에서 넓적다리왕개미를 찾을 수 있었고, 탐사로 인해 쌓인 피로가 모두 날아가 버릴 정도로 정말 기쁜 순간을 얻게 되었다.

행복한 만남

이마방패~ 퇴적층~ 와! 개미 생태도 흥미롭네요. 초코파이… 새벽이라니… 덕후들은 이런 얘기를 아무렇지도 않게 하네요.

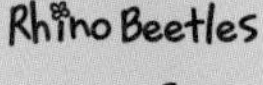

장풍이

개미를 보기 위해 배고픔을 참고 꿀잠을 포기하고 열정이 대단해요~ 설마 새벽까지 혼자 다니진 않았겠지요? 혹시 우리 아들이 따라할까 살짝 걱정입니다.

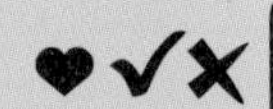

다른 분들에 비하면 아직 아무것도 아니죠ㅎㅎ 완도에서 혼자 다니진 않았지만… 종종 새벽까지 혼자 다니곤 합니다.

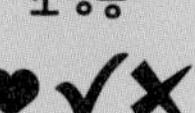

맴맴

밥 대신 초코파이로 허기를 달래고 새벽까지 기다림 끝에 만날 수 있었던 넓적다리왕개미~ 멀리까지 간 보람이 있네요. 요즘! 개미 이름을 하나씩 배워갑니다.

약 147종이니 조금씩 알아보는 것도 재미있답니다.

조명동

귀뚤이

작은 개미와의 만남은 조명동 멘토의 개미사랑 집념과 정비례할 거 같다는 생각을 해봅니다. 약 147종~^^ 저도 틈나는 대로 개미 이름을 찾아봐야겠다는 숙제를 아이와 함께 기꺼이 가져보도록 할게요~ 실제로 보는 거 같은 개미 사진에 아이와 함께 감동해봅니다.

권기정

강원대학교 생물자원과학부
응용생물학과 2학년

곤충분류학실험실에서 개미의 행동에 대해 공부하고 있다. 그 중에서도 개미의 사회성에 관한 의사소통, 생존 전략에 관한 행동에 대해 관심을 가지고 공부하는 중이다. 연구를 할수록 자신이 부족하고 아무것도 아닌 존재라는 생각이 들지만, 이왕 시작한 것 끝까지 가보자고 생각하고 있다. 항상 부족한 나를 위해 오늘도 계속 공부한다.

*불개미의 여왕

불개미는 대가족을 자랑한다. 다른 개미들은 보통 결혼비행을 한 여왕이 있으면 독립한다. 그러나 불개미는 여왕들을 대량으로 흡수해 군락을 계속해서 불려나간다. 이날에 만났던 불개미는 여왕만 50마리가 넘어가는 대형 군체였다. 불개미가 형성하는 특유의 개미총 또한 크기가 작은 언덕을 형성할 정도로 규모가 컸다. 3월이었음에도 날씨가 추워 개미들의 활동이 활발하진 않아 개미의 공격을 덜 받았다. 그래도 여전히 호전적인 성격은 없어지지 않았나 보다. 바지 안으로 들어간 불개미가 쉴 새 없이 몸을 깨물었다. 조사가 끝나고 집에 와서 옷을 벗으니 화가 난 불개미 2~3마리가 내 몸에 붙어있었다.

배가 유난히 검붉은 불개미.

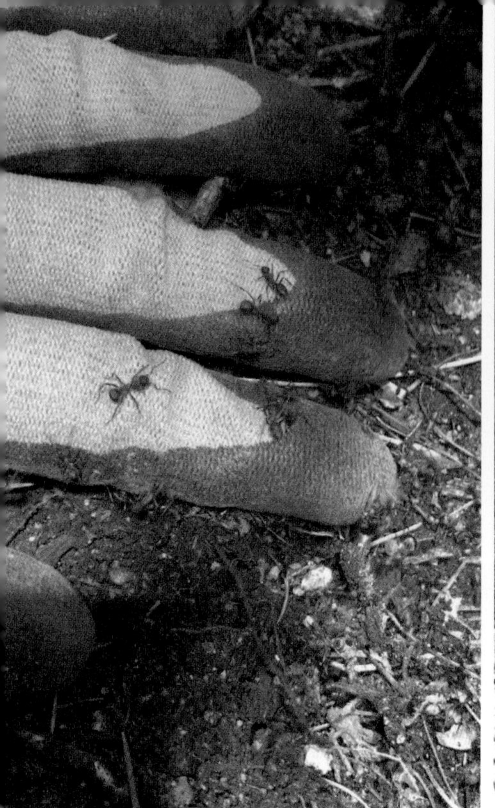

매우 호전적인 성격을 가진 불개미.
아무리 중무장을 해도 뚫고 들어와 강력한 턱으로 마구 물어댄다.

*일본왕개미의 결혼비행

따스한 봄이 지나고 후덥지근해지는 5~6월이 되면 일본왕개미의 번식기가 시작된다. 이 순간만을 기다려 온 공주개미와 수개미들은 일개미들의 호위를 받으며 처음 지상으로 나온다. 이들의 행동을 보고 있으면 마치 공항에서 이륙을 준비하는 비행기들 같다. 일개미들은 계속해서 이들의 날개를 닦아주고, 더듬이를 움직이며 온도, 습도를 확인하고, 비행이 가능한지 가늠한다. 만약 통로가 좁아서 개미들의 통행이 불편해지면 일개미는 통로를 넓히거나 끼어서 나오지 못하는 개미의 턱

일본왕개미 무리. 곰개미와 함께 집 근처에서 흔히 볼 수 있다.

을 물고 밖으로 꺼낸다. 비행기의 안전한 이륙을 위해 공항의 지상 근무자들이 분주히 일하는 모습과 유사하다. 누구도 시키지 않았지만 당연한 듯이 해내고 있는 개미들의 행동을 보면서 초유기체의 신비함을 느낀다.

주름개미의 싸움

산이나 화단 같은 장소를 다니다 보면 작은 개미들이 하나의 덩어리를 이루고 있는 것을 볼 수 있다. 이들은 주름개미로, 날이 따뜻해지면 무리의 성장을 위해 영토를 늘려간다. 그러다 다른 무리와 시비가 붙으면 정말 치열하게 전투를 벌인다. 손으로 집어 다른 곳에 놓아도 당황한 기색도 없이 계속해서 상대편 개미를 공격한다. 이들의 싸움은 어느 한

보도블럭 틈새나 잔디밭 같은 곳에서 흔히 볼 수 있는 주름개미.
주로 집단으로 전쟁을 일으키고, 바글바글 모여있다.

쪽 무리가 모두 소멸할 때까지 지속된다. 전쟁 없는 사회를 바라는 것은 어쩌면 우리 인간만의 꿈은 아닐지도 모르겠다!

*방이 왜 이렇게 뒤죽박죽이야?

부모님은 내 방을 보면 항상 뒤죽박죽이라고 핀잔을 주신다. 나는 나의 방식대로 방을 정리했을 뿐인데. 나는 사람마다의 기준이 다르기 때문이라고 생각한다. 그리고 사람뿐만 아니라 다른 것도 그렇다고 생각했던 적이 있었다.

돌 밑에서 개미의 집을 보았을 때 특히 그런 생각이 들었다. 개미는 각각의 방을 정확한 용도에 맞게 사용한다고 어릴 적 책에서 보았는데,

알과 번데기, 애벌레가 섞여있는 극동혹개미의 집.
땅 밑에 터널을 뚫고 둥그스름한 방을 만든다는 편견이 깨지는 순간이다.

자세히 보면 아름다운 것들이 많다. 귀엽다, 아름답다는 느낌에서 호기심은 시작된다.

내 눈에는 각 방에 따라 명확한 용도를 한눈에 파악하기 힘들었다. 애벌레와 번데기가 같이 있고, 알과 애벌레가 섞여있었다. 뒤죽박죽이지만 극동혹개미 나름의 기준이 있지 않을까?

방이 왜 이렇게 뒤죽박죽이야?

방과 개미의 집을 비유하시다니 역시 자연덕후!

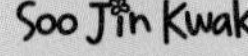

와… 이런… 저도 사진전에서 개미집을 보다가 막 섞여있는 게 신기했어요.

앗! 뒤죽박죽! 우리 집 방 말하는 줄 알았네요^^ 혹시 저런 개미방 보신 거 전체적인 사진이나 그림 같은 거 있으실까요~? 궁금해서요~

G0라니

곤줄곤줄

부분적이긴 하지만 그 상황을 이해할 만한 사진은 자연덕후 사진전에 조명동, 권기정 편에서 봤어요^^ 신기하더라고요~ 다음엔 파노라마로 찍어달라고 부탁해야겠어요^^

사람의 시선으로는 뒤죽박죽이지만 개미의 입장에서는 잘 정리된 방일수도 있겠네요. 어느 관점에서 보는가가 중요하네요.

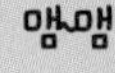

장풍이

사람의 관점이 아닌 생물 자체의 관점에서 바라보려는 노력은 참 중요하다고 생각해요. 이 글을 통해서 또 한 번 느끼게 됩니다. 아들의 방이 지저분하고 정신 없어도 아니라고 하니, 아들의 관점에서 받아들여야겠지요? 휴우~ 한숨이 나오는 건 저만 그런가요?

앗~ 관점의 중요성이 여기서도 나오는군요~ㅎ 다르게 생각해보기! 개미들에게 한 수 배우네요~~

귀뚤이

꾀꼬리

우리 집 개미도 다시 잘 찍어봐야겠어요. 재작년에 알 무더기를 보고 기겁을 해서 마당에 버렸는데…. 지금 생각해보니 더 관찰해볼걸 하는 아쉬움이~~

성무성

충남대학교 대학원 생명과학과
환경생태학실험실 석사과정

초등학교 5학년 때부터 민물고기에 빠져들어 13년 동안 민물고기를 찾아 전국의 하천을 다녔다. 물고기들은 4대강과 하천 정비 같은 인위적인 환경변화로 갈수록 설 자리가 없어진다. 그러기에 나의 꾸준한 기록은 소리 없이 떠날지도 모르는 물고기를 지켜주는 힘이 될 것이라 생각한다. 물고기를 사랑하는 어린 친구들에게 좋은 안내자이고 싶다. 한반도 담수어를 지키기 위한 나의 연구는 계속될 것이다.

*내가 물고기를 포기할 수 없는 이유, 여강의 꾸구리

중학교 2학년의 어린이날, 근처에 살던 동생과 함께 여강(여주 남한강)의 이포대교로 고기를 잡으러 갔던 적이 있다. 여울에서 신나게 고기잡이를 하던 중, 우리는 눈이 고양이 같은(빛의 양에 따라 동공의 크기를 조절할 수 있다.) 멸종위기 야생생물 Ⅱ급 어종인 꾸구리를 보게 되었다. 그날 10여 개체의 꾸구리를 만났고, 이후로도 자주 볼 것이라 기대했으나, 이러한 기대는 나에게 지울 수 없는 아픈 상처를 남겼다.

반 년 뒤 4대강 사업으로 꾸구리 서식지였던 곳에 이포보를 건설한다는 발표가 떴고, 어린 나이에 아무 것도 할 수 있는 것이 없던 나는 그저 여강에서 구석구석 꾸구리를 확인하고 다녔다. 공사장 인부들에게 쫓겨날 때도 있었지만 천신만고 끝에 꾸구리 서식지를 찾아냈고, 나는

우리나라 고유종인 멸종위기 야생생물 Ⅱ급의 꾸구리.
돌과 자갈이 깔린 맑은 여울에 살며 수서곤충을 좋아한다.

8년이 지난 지금도 한 달에 한 번씩 방문하여 물속을 관찰한다. 다행히 아직도 꾸구리는 서식하고 있으나 하루 빨리 4대강 수문개방으로 옛날에 살던 여강의 여울에 돌아올 날을 기다린다. 그리고 지난 4대강에 대한 나의 분노는 물고기를 지키기 위한 연구로 이어지고 있다.

✻기록하지 않으면 생물은 소리 없이 사라진다

2018년 경남의 낙동강의 한 지류에서 대규모 하천공사가 진행되고 있었다. 그런데 그곳은 멸종위기 야생생물 Ⅰ급인 얼룩새코미꾸리가 서식한다고 알려져 있었다. 내가 갔을 때 이미 하천은 바닥이 헤집어졌고, 흙탕물이 흐르고 있었다. 하천공사가 이대로 진행되었을 경우 얼룩새코미꾸리의 서식처는 사라질 위기에 처해있었다. 그러나 이런 일을 막

낙동강 수계에서만 서식하는 우리나라 고유종이자 멸종위기 야생생물 Ⅰ급인 얼룩새코미꾸리. 주로 큰 돌이 많은 곳에 서식하며 주로 밤에 활동한다.

았어야 할 환경영향평가서에는 그 어디에도 얼룩새코미꾸리의 존재를 찾아볼 수 없었다. 결국 나는 공사현장에서 얼룩새코미꾸리를 확인한 뒤, 김해양산환경운동연합의 도움으로 하천공사를 축소시킬 수 있었다. 이 사건을 계기로 "기록하지 않으면 생물종은 소리 없이 사라진다." 라는 교훈을 얻었다.

*탐사의 기본 자세

2016년부터 장이권 교수님의 권유로 어린이과학동아 지구사랑탐사대 어벤져스를 시작했다. 처음에는 많이 낯설었지만 무엇을 할 수 있을지 계속 고민하였다. 그러다가 몇 년 전 축제를 통해 나의 물고기 덕질을 지사탐 대원들에게 소개했던 기억이 났다. 그래서 민물고기 탐사를 진행하게 되었는데, 대원들은 새로운 분류군임에도 불구하고 물고기에 대한 관심이 매우 높았다. 나는 전에 물고기 동호회 활동을 한 적이 있었는데 그 곳은 물고기를 지키고 보호하는 데에는 관심이 없었다. 다만 자신의 어항에 멸종위기 어류까지 채워넣으려는 욕심으로 가득 찼던 집단이었다. 하지만 지사탐 대원들은 생물을 있는 그대로 보고, 지키고 싶은 마음으로 덕질을 하니 너무 감동적이었다. 그릇된 어른들의 욕심을 되풀이하지 않고 진정으로 자연을 지키고자 하는 대원들의 모습은 앞으로 변하지 않으리라고 믿는다.

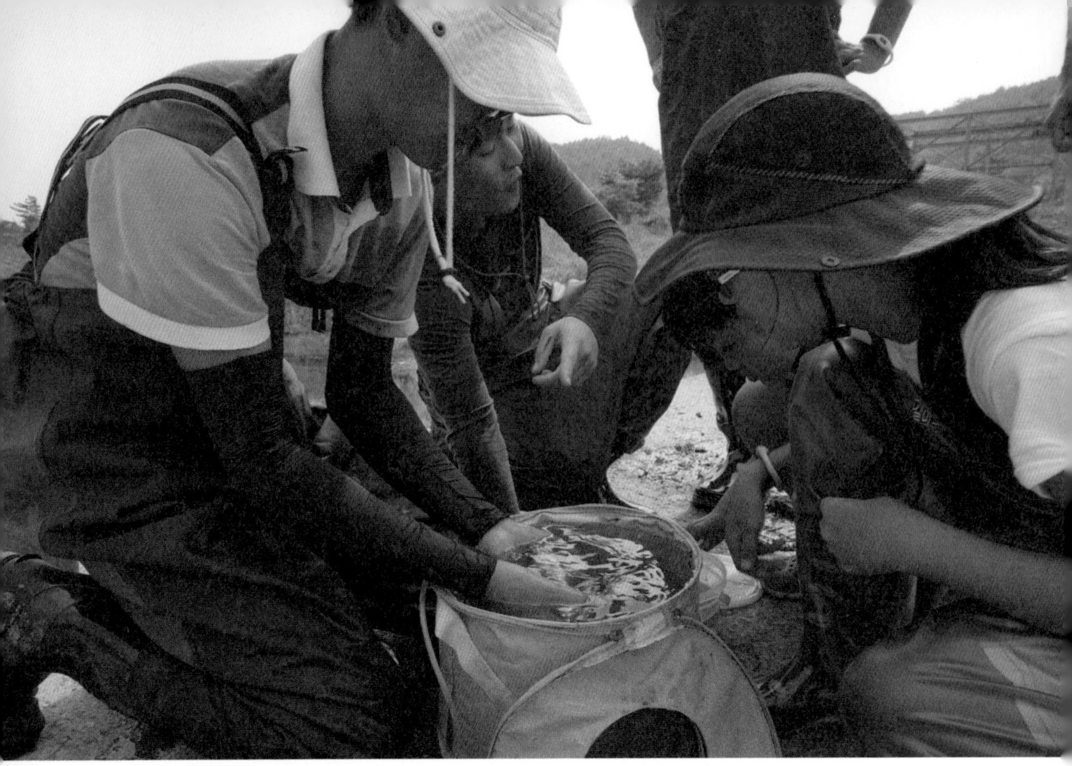

아이들과 함께 한 민물고기 탐사. 순수한 눈빛에서 생물에 대한 마음을 느낄 수 있다.

*덕질의 기록

내가 초등학교 6학년 때 어느 분이 어류탐사 기록을 남기는 것을 보고 나도 탐사노트를 작성하기로 하였다. 사진은 내가 고등학교 3학년이었던 2013년 8월의 탐사노트이다. 내가 탐사하면서 조사했던 물고기들의 하천 이름과 주소, 채집시간과 도구, 어종, 개체 수, 대략적인 크기를 손글씨로 기록하였다. 한 번 탐사할 때마다 1건의 기록을 남기는데 현재 약 2,000여 건의 탐사기록이 된다. 일명 '무성노트'이다.

2018년 2월, 나는 교류하던 어느 박사님으로부터 흥미로운 제안을 받게 된다. 바로 물고기를 채집한 후 크기와 무게를 측정해보자는 내용이다. 나는 그때까지 사진 촬영, 종 수 및 개체 수 정도만 파악하였다. 예전부터 나의 강력한 덕질을 보신 분들이 이렇게 하면 어부밖에 안 된다, 라는 이야기를 많이 해서 속상한 적도 있었다. 그래서 4월부터 나는 본격적으로 전국에 있는 하천에서 자료가 거의 없는 물고기들을 대상으로 측정해나가기 시작했다.

다음은 각 항목마다 지금까지 누적된 기록 건수이다.

- 채집노트 - 2,000건(2006년~2019년)
- 네이처링 관찰수 - 16,300건 이상(2008년~2019년)
- 네이처링 지도 - 전국구 도배

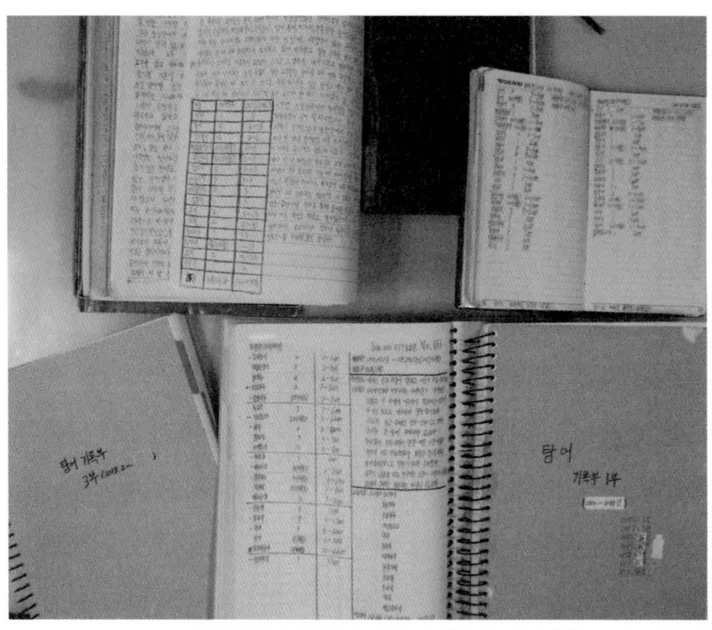

초등학교 6학년 때부터 작성한 어류탐사노트, '무성노트'라고 부른다.

- 크기무게 데이터 - 12,500개체 이상(2018년 4월~2019년 3월)

이 기록들은 앞으로 물고기 연구를 위한 기초 자료로 활용되길 바라며 나아가 물고기 빅데이터의 초석이 되었으면 한다.

물고기를 측정하고 있는 모습.
나의 기록들이 쌓여 언젠가 물고기 연구의 큰 보탬이 되길 바란다.

덕질의 기록

손글씨로 빼곡한 무성노트를 직접 본 순간 그 양과 정성에 입이 쩍 벌어지더라구요. 정말 가보로 남겨야겠어요~~^^

장풍이

곤줄곤줄

무성노트~ 다미노트~ 우리 아이들에게 좋은 길잡이가 되는 훌륭한 노트들~^^ 이런 것 좀 열심히 따라하면 좋으련만.

시작은 작은 발걸음이었겠지만~ 이렇게 오랜 시간과 땀으로 쓰여진 기록은 어느 때인가 큰 힘으로 빛내어지는 시간이 꼭 올 것 같은 기대가 되어지네요~^^ 앞으로도 쭈욱 계속되어질 무성노트 큰 기대로 지켜보고 있겠습돠~~^^

귀뚤이

장풍이

무성노트 요즘도 작성하는지 궁금해요~~ 꾸준함은 그 어떤 것보다 큰 무기가 되는 것 같아요. 잘 모아뒀다가 가보로 물려주길~~

무성노트~ 정말 대단합니다. 계기가 중요하다는 것을 다시 한 번 느낍니다. 누군가가 하는 것을 보지 못했다면 무성노트가 저렇게 멋지게 완성되지 못했을 겁니다. 보고 실천한다는 것이 더 대단합니다. 우리 아이들에게 저 노트가 어떤 의미를 가질지 지켜보는 것도 좋을 듯합니다!!!

맴맴

꾀꼬리

기록의 힘은 정말 대단한 결과를 만드는 것 같습니다. 무성군 파이팅!!!

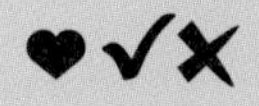

최윤정 공립유치원 선생님

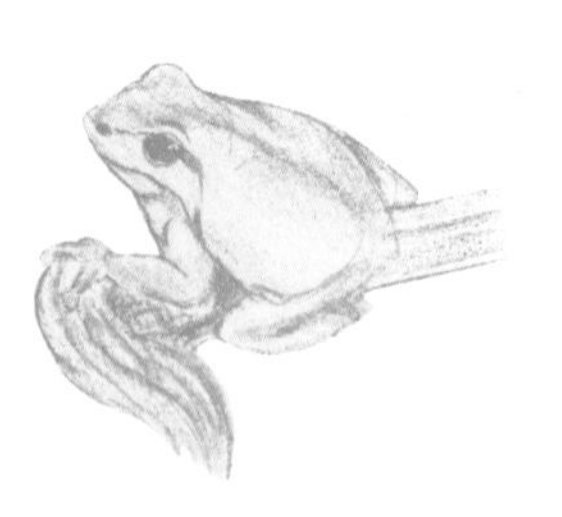

2013년 수원청개구리와 첫 만남 이후, 수원청개구리의 매력에 빠져 7년째 논두렁에서 즐겁게 탐사를 하고 있다. 온 가족이 닥터구리 팀으로 멸종위기 야생생물인 수원청개구리 서식지 모니터링 및 보전활동을 하고 있다. 개구리가 행복한 세상을 만들기 위해 닥터구리 가족의 탐사는 계속될 것이다.

*수원청개구리야, 안녕?

4월의 들판은 썰렁하다. 보리밭이 있는 고랑은 촉촉한 흙과 물이 고여 있지만, 대부분 마른 흙덩이만 가득하다. 겨우내 바짝 마른 풀 사이로 개구리를 찾기 어렵다. 봄비가 촉촉이 내린 밤. 논두렁길을 어슬렁거린다. 어디선가 폴짝 뛰어 오르는 것이 있다. 수원청개구리다. '이렇게 작고 조그만 몸으로 추운 겨울을 잘 이겨냈구나.' 살아있는 것을 확인하는 것만으로 의미 있는 만남이다. 첫 만남은 수원청개구리와의 조우. 봄비가 촉촉이 내리고 논바닥에 물이 고이면, 수원청개구리는 신나게 노래를 할 것이다.

봄을 알리는 멸종위기 야생생물 Ⅰ급 수원청개구리의 등장.
겨울을 무사히 이겨내준 것이 고맙기만 하다.

풀 속으로 숨어든 수원청개구리. 근처에 천적이 돌아다니고 있을지도 모른다.

*콩잎은 청개구리의 휴식처

뜨거운 여름이 지나고, 들판에 가을이 찾아왔다. 쏟아지는 햇살 아래 누런 벼들이 고개 숙여 익어가는 계절이다. 봄에 논둑과 논 사이에 난 수로 양 옆으로 콩을 심는다. 여름이 되어 콩잎이 많이 올라오면, 개구리에게는 천국이 따로 없다. 콩잎 위에서 쉬거나, 천적을 피해 숨기도 한다. 사람이 지나가기도 힘든 무성한 콩잎이 난 논둑을 걸으면서 때늦은 청개구리 소리도 듣고, 뿍뿍거리는 다른 개구리 소리도 들을 수 있다. 어린 청개구리 한 마리가 콩잎 사이를 뛰어 사라진다. 논두렁 옆에 심은 콩잎 위를 자세히 살펴보니 콩잎 사이사이에 어린 청개구리들이 보인다. 콩잎 위에서 휴식을 취하는 청개구리가 무척 느긋해 보이는 가을 오후이다.

콩잎에 앉아 쉬고 있는 청개구리.
콩잎에는 청개구리가 좋아하는 곤충이 많아 먹이 사냥도 쉽다.

무성한 콩밭(위)과 아기 청개구리(아래).
콩잎은 봄에 태어난 아기 청개구리들이 숨기 좋은 장소이다.

*야간탐사에서 만난 퉁사리

8월 25일, 어류채집을 하는 성무성 군과 함께 야간탐사를 하였다. 징거미를 비롯하여 반딧불, 꺽지, 돌고기, 쉬리치어, 퉁사리, 자가사리, 눈동자개를 볼 수 있었다.

야간탐사를 다녀온 후 민물고기 도감, KBS 환경스페셜, 뉴스 검색을 통해 퉁사리에 관한 자료를 찾아보았다. 수원청개구리, 맹꽁이, 금개구리와 마찬가지로 옛날에는 흔했고, 너무 흔해서 귀한 대접을 받지 못하던 생물종이었다. 그러나 급격한 서식지 변화로 수가 줄어서, 이제는 귀한 어종이 되었다. 퉁사리는 염색체의 수가 20개로 다른 종에 비해 현저하게 적기 때문에 학술적인 가치가 높은 종이다.

만경강이 흐르는 고산면에서는 낚시를 하거나 천렵을 하는 사람들을 쉽게 볼 수 있다. 이곳에 서식하는 퉁사리, 감돌고기가 오래오래 살아

멸종위기 야생생물 I급인 퉁사리. 쉽게 찾아보기 힘든 귀한 어종이 되었다.

야간탐사 중에 발견한 퉁사리.
퉁사리는 낮에는 돌 밑에서 숨어 지내다가 밤에 먹이활동을 한다.

갈 수 있도록 낚시를 금지할 필요성이 있어 보인다. 반딧불이가 날아다니는 아름다운 이곳의 자연환경이 잘 보존되기를 바란다.

*탐사는 좋지만 빨래는 싫어

어둠속에서 청개구리 소리를 듣고 논으로 뛰어들었던 다은이는 온몸이 진흙투성이로 논에서 나왔다. 다은이가 입은 야상점퍼는 새로 산 지 며칠이 되지 않았는데 벌써 진흙범벅이다. 새로 산 장화 역시 논 진흙이 잔뜩 묻었다. 세탁을 해야 하는 엄마의 마음도 모른 채, 다은이는 "청개구리가 소리는 들리는데 찾기 어렵다."며 바닥에 철푸덕 앉았다.

개구리 탐사를 하고 나면 신발, 옷, 모자 등 세탁해야 할 것이 산더미

진흙범벅이 된 아이들. 탐사를 할 때는
버려도 되는 편한 옷을 입어야 한다는 교훈을 얻었다.

다. 경험이 없어 새 옷을 입힌 것이 막 후회된다. 집에 돌아와 욕실에서 장화에 묻은 흙을 털어내고 나니, 욕실바닥은 흙투성이다. 탐사는 좋은데 빨래거리까지 좋아하기는 어렵다.

탐사는 좋지만 빨래는 싫어

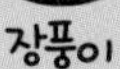

맞아요~ 뒷정리까지 좋아할 수는 없어요ㅠ 탐사 다녀온 후 뒷정리. 한숨부터 나옵니다. 늦은 밤 내 몸 챙기기도 힘든데 흙장화부터 빨랫감까지 정리하고 나면 허리가 뻐근해요~~ 5년차 이제는 조금 익숙하지만 그래도 싫어요~~

저는 가슴장화 없던 시절~ 운동화만 4켤레 겉에만 칫솔질을 했는데 흙물이 장난 아니었어요~ 반드시 현장에서 적당히 털고 와야겠더라고요ㅜㅜ 아파트 배수구 막힐까봐 비닐 가져다 흙 퍼냈다니까요^^

흙 안 털고 그냥 넣어둔 장화가 있는데, 논의 흙물이 장화에 배는 듯요. 장화색이 변했어요ㅜㅜ 수원청개구리 탐사하고 다음날 민물탐사 가니까 아주 딱이더라고요ㅎㅎ 아주 깨끗이 논의 진흙이 씻겨나가는데 굿이었습니다. 허나 그것도 가끔이지… 연속 두 탕 힘들더라구요.

엄마들에게는 탐사 후가 더 무서워지는 시간이지요. 처음에는 집에서 씻다가 한계를 느끼고 탐사복을 따로 준비해주고 장화는 농수로에서 꼭 씻고 준비해간 물로 한 번 더~ 훨씬 편해졌어요. 점점 엄마도 노하우가 생겨서 좀 편해지네요~^^

2

자연이 뭐지?

우리는 처음부터 자연에 흥미가 있었던 건 아니었어요.
하지만 언니 오빠를 따라 다니다 보니 탐사가 재미있게 됐어요.

김시윤 삼릉초등학교 3학년

새는 어떻게 우리 동네에 왔고, 곤충은 어떻게 겨울을 보낼까? 책에서 본 갈색도둑갈매기를 만나러 남극에 가고 싶다. 5살부터 언니를 따라 탐사를 다녔는데, 어려서 못하는 것이 많았다. 그래서 나는 곤충, 새, 물고기 이야기를 하는 방송을 만들 것이다. 친구들에게 내가 본 생물도 소개하고, 생물 캐릭터로 게임도 만들고, 곤충과 새를 재미있게 알 수 있는 방송을 하고 싶다.

*비둘기도 로드킬 당한다!

집에 가는 길에 건널목을 건너면서 로드킬 당한 비둘기를 보았다. 엄마랑 같이 사진을 찍었다. 고라니 로드킬과 완전히 달랐다. 고라니는 형태가 남았지만, 비둘기는 아예 형태가 없었다. 왜 비둘기가 로드킬을 당하는 것일까? 다음날 건널목에서 지켜봤더니, 비둘기가 낮게 날아서 도로를 건너고 있었다. 비둘기는 어디로 가고 있었을까? 나는 2학년이었는데, 내가 만약 비둘기여서 로드킬을 당했다면, 꿈도 못 이루고 죽어서 슬펐을 것 같다.

횡단보도에서 로드킬을 당한 비둘기.
차가 계속 밟았는지 납작해진 모습이 마음이 아프다.

로드킬 당한 비둘기를 찍은 사진(좌). 나중에 보니 내 그림자도 함께 찍혀 있었다.
찻길 가까이에서 자주 비둘기를 볼 수 있다(우).

*엄마 연어는 힘이 없어

제가 태어나서 연어 탐사를 처음 해봤거든요. 연어가 작은 줄 알았는데 컸어요. 연어는 강에서 태어나고 먼 바다에서 살다가 알을 낳기 위해 강으로 돌아와요. 머리랑 꼬리지느러미가 하얗죠. 이건 상처예요. 연어가 다쳐서 속살이 보여요. 알을 낳기 위해 엄마가 희생하는 거죠. 강으로 올라올 때 머리랑 꼬리를 다쳤어요. 강릉에서 연어를 봤을 때, 연어가 아프고 힘이 없어서 속상했어요. 죽은 연어도 있어서 슬펐어요. 연어는 왜 태어난 곳으로 돌아오는 걸까요? 연어는 참 대단한 것 같아요.

강릉에서 만난 죽은 연어. 상처가 나면서도 강으로 돌아오는 것이 대단하다.

탐사 중인 유나 언니와 나. 돌에 부딪친 건지 머리와 꼬리가 벗겨진 연어가 보였다.
이 날의 이야기를 일기로 남겼다.

*퍼더덕~ 날아간 아기 제비

화장실이 너무 급해서 주유소에 들렀다. 볼일을 보고 나왔는데, 엄마가 불렀다. 엄마 소리가 나는 쪽으로 가보았다. 그런데 바로 앞에 아기 제비가 있었다. 이 아기 제비는 겁이 없나보다. 우리가 바로 앞에 있는데도 안 날아가고 있었다. 위에 있는 둥지에서 떨어진 것 같았다. 엄마는 제비를 둥지로 올려주려고, 손으로 따스하게 잡았다. 나도 아기 제비를 만져보고 싶었는데, 무서워서 보고만 있었다. 그런데 아기 제비가 퍼더덕퍼더덕 날아갔다. 아기 제비가 날 수 있다는 걸 그때 알았다. 바깥세상이 궁금해서 놀러 나온 것 같았다. 아기 제비가 진짜 용감하다는 생각이 들었다.

영주에서 만난 아기 제비. 가까이 가도 도망가지 않는 것이 신기하다.

주유소에 있는 제비 둥지의 아기들(위). 그 중 한 마리가 따로 나와 있다(아래).
떨어진 것일까, 아니면 혼자 날아서 나온 것일까?

*담비 똥은 맛있을까?

대마도에서 누구 것인지 모르는 똥을 보았다. "담비 똥이예요." 배윤혁 선생님과 허지만 선생님이 알려줬다. 근처에는 담비 발자국도 없었는데, 담비 똥인지 아는 게 진짜 신기했다. 벤치 주변에 똥이 여러 개 있었는데, 거기가 아마 담비의 화장실이었던 것 같다. 대체 몇 마리의 담비가 똥을 싼 걸까?

자세히 보니까 과일을 먹었는지, 담비 똥에는 씨앗도 있었다. 그리고 그 담비 똥에는 곤충들이 모여 있었다. 큰흰무늬긴노린재가 담비 똥을 먹고 있는 것이었다. 노린재는 담비 똥이 맛있어서 먹는 걸까, 아니면 똥 속의 노란 씨앗이 맛있어서 먹는 걸까? 나는 담비 똥을 본 것도 신기했지만, 노린재가 이 똥을 먹고 있는 게 더 신기했다. 담비 똥이 궁금해서 이 똥을 가지고 올까 말까 했지만, 안 갖고 왔다. 다음에는 마스크를 쓰고 더 자세히 봐야겠다.

담비 똥을 구경하고 있는 나. 똥 위에서 노린재가 움직이고 있다.
노린재의 식성은 참 특이한 것 같다.

곽용준 삼선초등학교 4학년

나는 원래 TV를 보거나 바둑을 두면서 하루의 시간을 보낸다. 그랬던 내가 3학년 때부터는 좀 달라졌다. 자연덕후 누나를 따라다니다 보니 자연 속에서 생물을 보고 노는 게 좋아졌다. 누나는 너무 미안해서 못 잡는 건지는 모르지만 메뚜기나 개구리는 내가 더 잘 잡는다.

*옥상 텃밭

2018년 6월, 누나가 민들레를 관찰하기 위해 분양받은 아파트 옥상 텃밭에 심은 채소에 이상한 무당벌레가 있는 것을 발견했다. 채소에 물을 주다가 무당벌레 위에 뿌릴 뻔 했다. 나는 솔직히 잡고 싶었다. 그런데 엄마가 사진을 찍고 나니 날아가 버렸다. 나는 이런 무당벌레를 처음 봤다. 도감을 찾아보니 큰이십팔점박이무당벌레였다. 무당벌레가 날아온 우리 텃밭에는 토마토, 상추, 깻잎, 아욱, 고추, 호박 등이 있었다. 무당벌레 말고도 다른 곤충들도 많이 찾아왔다. 나비, 말벌, 꿀벌, 개미, 모기, 등에, 똥파리 등이 왔다 갔다. 화분 매개자들이 많이 찾아와서인지 방울토마토와 고추, 호박 같이 꽃이 떨어지고 나서 열매가 열리는 그런 식물들이 잘 자랐다. 그래서 수확도 많았다. 방울토마토는 팩에 담으면 2~3팩은 될 것 같았고, 지름이 30cm 자보다 긴 호박을 2개나 얻었다.

옥상 텃밭에서 발견한 큰이십팔점박이무당벌레.
운이 좋은 건지, 나한테 잡히기 전에 날아가 버렸다.

함께 갈증을 해소하고 있는 흰나비와 채소들. 텃밭에는 많은 손님들이 찾아온다.

*자작나무 숲 주차장의 파리매

2017년 여름, 나는 강원도 인제군에 있는 자작나무 숲에 갔다. 그곳에서 벌같이 생긴 곤충 2마리가 붙어서 싸우는 듯한 모습을 봤다. 처음에 말벌이 꿀벌을 잡아먹는 줄 알았는데, 누나가 와서 보더니 파리매가 말벌을 잡아먹는 것이라고 알려줬다. 나는 파리매가 그렇게 무서운 곤충인지 몰랐다. 그때는 말벌의 몸이 파리매 입 속에 절반 이상이 들어가 있는 상태였다. 말벌이 사마귀 다음으로 강한 곤충인줄 알았는데, 말벌한테도 감히 덤빌 수 있는 곤충이 있는지 모르고 있었다. 사람들이 싫어

하는 파리나 모기 같은 작은 곤충들만 잡아먹는 줄 알았더니 말벌도 잡아먹다니!!! 나는 그때 나를 물러 날아 올까봐 조마조마 했다.

자작나무 숲(위)으로 가는 길에 발견한 파리매(아래).
말벌을 잡아먹는 파리매의 모습이 꽤나 무서웠다.

이유나 창영초등학교 5학년

나는 곤충보다는 귀엽고 온순한 애완견을 좋아했다. 곤충의 '곤'자도 몰랐고, 곤충을 싫어하고, 무서워했다. 하지만 곤충과 파충류를 좋아하는 오빠를 따라 자연으로 탐사를 다니다 보니 점점 익숙해지고 많이는 아니어도 조금은 알 것 같다. 이제는 탐사를 하면 재미난 일들이 일어날 것 같다. 나의 변화가 신기하고 자랑스럽다.

*아직 낯선 탐사

아직 탐사는 낯설다. 처음 참석하는 현장교육이라 마음이 두근두근. 소심하게 챙긴 잠자리채와 장화. 탐사를 어떻게 하는 건지 잘 몰라서 탐사 대장님 옆을 졸졸 따라다니며 하시는 말씀을 듣는다.

이 날 아주 예쁘고 귀여운 아기 수원청개구리를 만났다. 그런데 이 청개구리가 멸종위기 야생생물이라고 알려주셔서 놀라기도 했지만, 귀한 청개구리를 만나게 되어 반갑고 기뻤다.

탐사지에는 생각보다 모기와 벌레가 많아서 놀랐다. 오빠와 나는 모기 알레르기가 있어서 탐사를 할 때마다 불편하고 힘들었다.

하지만 오빠는 이때부터 탐사에 맛을 들인 걸까? 탐사를 너무 열심히 한다.

설렘과 기대를 갖고 시작한 첫 탐사.
수원청개구리를 만났는데 내 눈엔 청개구리랑 똑같아 보였다.

*불쌍한 뱀

수원청개구리 탐사를 위해 시흥의 논으로 갔다. 수원청개구리 탐사는 해가 지고 나서 하는 거라 기다리는 동안 논 주변 탐사를 하며 놀고 있었다. 그런데 오빠가 "뱀이다!"라고 소리쳤다. 그 곳에 뱀이 있었다. 우리 모두 깜짝 놀랐다. 나는 엄마한테 무섭다고 말했는데 엄마는 죽은 뱀이라고 괜찮다고 하셨다. 그래서 나는 뱀이 죽어서 다행이라고 생각했다.

하지만 집에 돌아와서 다시 생각해보니 뱀이 불쌍했다. 논두렁의 풀을 베고 제초제를 뿌려서 급히 도망가다 로드킬 당한 뱀. 그때는 뱀이 너무 무서워서 다행이라고 생각했지만 그렇게 생각한 게 너무 미안했다.

다시는 그러지 않을게!!

납작하게 눌려 말라버린 누룩뱀.
불쌍하게도 미처 숨을 곳을 찾지 못했나보다.

구석구석 매의 눈으로 쓰레기를 찾고 있는 나.
쓰레기가 모일수록 소라산자연마당이 깨끗해지고 내 마음도 뿌듯해진다.

*역시 노는 게 최고지!!

유상홍 선생님의 초대로 한국산개구리 탐사를 하러 익산 소라산자연마당에 갔다. 거기에는 정말 많은 한국산개구리가 있었고 알덩이들도 많았다. 우리 동네에서는 개구리 한 마리 찾기도 힘든데.

오빠는 개구리를 좋아해서 여기저기 탐사하느라 바쁘지만 나는 그렇게 좋아하지 않는다. 그래서인지 유 선생님께서 하시는 말씀이 하나도 들리지 않았다. 심심해서 라이노비틀즈팀 용준이와 같이 뛰고, 잡아 놓은 개구리를 관찰하며 놀았다.

탐사가 다 끝나고 우리는 그곳에 버려진 쓰레기를 주웠다. 쓰레기를 많이 주웠고 어른들이 칭찬해 주셔서 너무 뿌듯했다. 아빠와 나는 아이

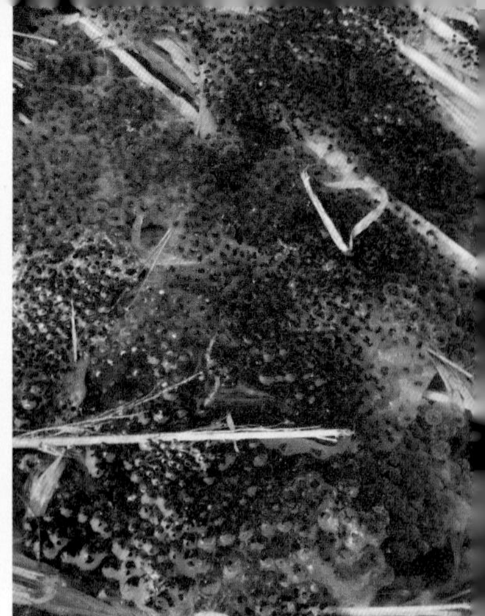

소라산자연마당의 한국산개구리(좌)와 알덩이들(우).
환경이 깨끗해서인지 쉽게 만날 수 있었다.

개구리를 관찰하고 있는 용준이와 나.
개구리는 조금 징그럽기도 하지만 계속 보면 귀여운 면도 있다.

스크림을 사가지고 와서 모두와 나누어 먹었다. 끝나고 나서 먹는 아이스크림은 정말 꿀맛이었다.

아직은 탐사보다는 먹고 노는 게 최고다!

둘러앉아 개구리 이야기를 하고 있는 탐사팀.
시간가는 줄도 모르고 이야기는 한참동안 계속되었다.

3

자연과 놀다

우리의 사춘기는 언제나 '자연과 함께 놀기'. 앞마당과 뒷산, 습지가 놀이터였지요.
친구들과 운동장에서 축구하다 혹은 수다를 떨다가도 멸종위기종 개구리 탐사를 나갔고
가슴장화를 신고 고유 민물고기종들을 만나러 나갔었죠!
친구들이 가끔 묻죠. 야, 요즘에도 개구리 보러가니?

이태경

예원학교 3학년 성악전공

이젠 내가 가는 곳 어디든 어떤 생물들이 있는지 궁금해지고 자꾸 주변을 돌아보게 된다. 탐사하는 게 신기하고 재미있는걸 보니 나도 어느새 자연에 푹 빠진 것 같다. 앞으로 나는 이런 자연의 매력을 많은 사람들에게 전달할 수 있는 사람이 되고 싶다. 나는 오늘도 자연에 빠진다.

*개구리 소리에 빠지다

수원청개구리 현장교육을 참가하러 용인에 다녀왔다. 해지기 전까지는 고요하던 곳이 깜깜해지자 여기저기 개구리가 마구 울어대는 엄청난 장소였다. "챙챙챙챙~ 꽥꽥꽥꽥~!!" 멜빵장화를 장착하고 모내기 전의 논에서 청개구리, 수원청개구리 암수까지 찾았다. 장이권 교수님과 배윤혁 연구원님을 따라 논을 가로지르며 개구리에 대해 하나씩 배우는 즐거운 시간이었다. 여러 종류의 개구리 소리를 들으며 탐사했던 것을 생각해보니 학교 합창시간에 배운 '개구리 소리' 합창곡이 생각났다. "개굴개굴개굴개굴개굴개굴"하면서 노래가 시작되는데, 가사가 반 이상 '개굴개굴'로만 쓰여진 3부 합창곡이다. 아름다운 개구리들의 다양한 합창소리가 겨우 '개굴개굴'로만 표현이 된다니 너무 아쉬웠다.

수원청개구리 현장교육. 가슴장화를 장착하고,
논두렁을 따라 수원청개구리를 찾으러 간다.

✱어…? 죽었나?

2015년 2월, 개구리가 한창 짝짓기 하는 맹산을 찾았다. 맹산에는 논, 계곡, 작은 연못까지 다양한 습지가 많다. 개구리 소리가 많이 나는 습지를 둘러보는데 뭔가 하얀 게 보였다. 가까이 가보니 엎어져 있는 개구리의 배가 보였다. 죽은 줄 알고 자세히 들여다보니 겨드랑이 밑에 갈색 손이 보였다. 짝짓기를 하는 건가?

개구리는 짝짓기를 할 때 수컷이 암컷 위에 올라타서 뒤에서 꽉 안는다. 힘이 어찌나 센지 수컷의 손이 암컷의 겨드랑이 살을 파고들어 암컷 개구리가 정말 아파보였다. 나에게 '나 좀 살려줘.'라고 말하는 것 같았다. 한참을 붙어있던 개구리가 각자 따로따로 움직여 가는 걸 보고 마음이 놓였지만, 주변을 돌아보니 뒤집혀져 죽어있는 암컷 개구리도 눈에 띄었다. 자연의 섭리지만 마음이 아프다.

짝짓기를 하고 있는 한 쌍의 암수 개구리. 암컷이 정말 힘들어 보인다.

다양한 습지가 많은 맹산. 개구리가 살기 좋은 곳이며,
덕분에 내가 탐사를 하기 좋은 곳이기도 하다.

*한 번의 조심이 어린 생명을 살립니다

봄이 되면 맹산에는 새끼손가락 한 마디만한 어린 개구리들이 자기 키의 몇 배나 높은 울타리를 뛰어 넘어가서 수풀을 넘고 습지를 건너 산으로 이동한다. 맹산의 습지 주변은 산책로가 많아서 등산객들의 발길이 끊이지 않는다. 어린 개구리들이 사람들에게 모르고 밟힐까봐 걱정이 되어 양서류 보호팻말을 만들기로 했다.

맹산생태원에 팻말 설치를 문의했더니 괜히 사람들의 이목이 쏠리면 너도나도 개구리를 찾아보겠다고 헤집고 다니거나 관심이 없던 일반 사람들의 집중을 받는다며 걱정하셨다. 하지만 양서류 보호 활동이 필

태어난 지 얼마 안 된 어린 개구리.
작지만 산으로 가기 위해 높은 기둥도 타고 올라가는 능력자이다.

맹산에 설치한 보호팻말. 팻말을 통해
더 많은 사람들이 생물보호에 관심을 가져주었으면 좋겠다.

요하다는 내 생각을 지지해주셔서 결국 습지 앞 3곳에 보호팻말을 설치했다.

우리 주변의 생물들은 우리가 지키고 보호하고, 지켜나가야 한다고 생각한다. 앞으로 더 우리 주변의 생물들을 아끼고, 사랑하고, 보호하도록 노력하겠다.

*애매미의 아름다운 아리아

내가 애매미를 처음 본 것은 탐사 첫해인 2014년 8월이다. 애매미는 주변에서 흔히 볼 수 있는 참매미와 말매미에 비해 크기도 작고, "쓰요

"쓰요츠 쓰요츠"라고 우는 애매미. 몸집이 작고 어두운 색 매미이다.

츠 쓰요츠"라고 울며 쉽게 만나기 힘든 존재이다. 애매미의 노랫소리를 듣고 "어?"하며 소리 나는 쪽으로 가만히 와보니 정말 애매미가 보였다. 소리만 듣고 애매미를 알아본 내가 너무 대견했다. 오빠와 나는 애매미가 떠날 때까지 그 자리에서 꼼짝도 안하고 지켜보았다. 애매미가 참매미와 말매미 사이에서 노래를 부르는 게 지금 생각해보면 마치 오케스트라 속 아름다운 아리아 같았다. 아름다운 공연이 끝난 뒤 애매미는 다른 곳으로 날아갔다. 순회공연을 가나보다.

높은 나무에 붙어있는 말매미(좌)와 눈높이에서 쉽게 볼 수 있는 참매미(우).

애매미의 아름다운 아리아

장풍이

음악을 공부하는 태경이에게 애매미 소리는 아리아로 들렸구나. 애매미의 공연보다 더 아름다울 것 같은 태경이의 아리아를 들어보고 싶다.

귀뚤이

애매미의 아리아~라는 멋진 제목! 순회공연이라니요~~ 와우 애매미는 자신에게 주는 최고의 극찬을 들었을지 궁금하네요?

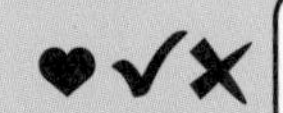

곤줄곤줄

언젠가 태경이도 공연한다고 바쁘겠지? 순회공연하는 태경이의 모습 상상하니 기분 좋은데? 그때가 되면 꼭 초대해줘!

개골도사

비교적 단조로운 다른 매미의노래와 비교하면 애매미의 노래는 정말 화려합니다. 애매미와 아주 유사한 쓰름매미의 노래는 정말 단순합니다. 이 다음에 누가 애매미의 노래가 왜 이렇게 화려하게 진화했는지 연구해 보면 좋겠어요! 그냥 내가 할까….

김신혜

그 연구… 재미있을 것 같아요!!! 흥미로운 결과가 나올 수도 있을 것 같습니다. ㅎㅎ

엄재윤

연구주제로 좋을 것 같아요! 울릉도의 애매미 노랫소리가 좀 다르다는 것을 알고 있는데 다른 지역들은 어떤지 아니면 다른 섬에서 살고 있는 애매미들의 소리는 어떤지 급 궁금합니다.

GO잉라니

애매미의 소리는 정말 새 소리로 착각할 때가 있더라고요. 성악가 태경이에게 아리아 소리로 들리다니~ 자연 속에서 태경이가 공연하는 모습 상상해보네요~ 그때 애매미도 같이 노래하면 좋겠다~~

김신혜 언주중학교 2학년

매미를 못 만지던 내가 교실 밖 개구리, 매미, 새들에 빠졌다. 이제는 스스로를 '탐험가'라 한다. 자연덕질은 내 탐험의 시작이다. 어두운 밤 빛나는 매미 우화, 남의 둥지에서 나뭇가지를 빼오는 기발한 까치, 논 위 고라니 똥 하나하나가 새롭다. 앞으로 또 누굴 만날까? 나처럼 자연이 낯설던 사람도 덕후가 될 수 있고, 자연과 우리가 얼마나 좋은 친구가 될 수 있는지 말하고 싶다.

*맹꽁이는 잘 있을까?

비가 약간 내리는 밤. 일주일 전에 서울숲 도랑 속에서 약충을 봤기 때문에 오늘은 나무에서 우화하는 매미 모습을 볼 수 있을 것이라 생각했다. '오늘이다! 매미 우화를 보고야 말테다!'라는 생각에 동생과 함께 어두운 밤 매미 약충을 찾기 위해 랜턴을 나무마다 비춰 보았다. 그런데, 나무 밑에 작고 동그란 먹물빵 같은 것이 붙어있었다. 개구리라고 하기엔 배가 너무 빵빵했다. 나는 바로 사진을 온라인에 올려 질문을 했다. 익산에서 탐사 중이셨던 닥터구리 박사님께서 실시간으로 맹꽁이라고 알려주셨다. 아직 생물이 낯선 나는 서로 탐사정보를 이야기 할 수 있어서 좋았다. 내가 멸종위기 야생생물 Ⅱ급인 맹꽁이를 서울 한복판에서 보다니! 생각지도 못한 일이다! 그날 이후 서울숲을 갈 때마다 맹꽁이를 찾았지만 한 번도 본 적이 없다. 잘 살고 있는지? 걱정이 된다.

세상 구경을 나온 멸종위기 야생생물 Ⅱ급의 맹꽁이. 잘 컸는지 한 번 더 만나보고 싶다.

수초를 뜯어먹는 바다거북 옆에 떠 있는 일회용 컵.
바다를 지키기 위한 더 많은 노력이 필요할 것 같다.

*바다거북은 일회용 컵을 사용하지 않습니다

아침 6시 30분 사람이 없는 평온한 바다, 바다의 주인이 나타났다. 바다거북을 보기 위해 산호 바위 끝자락까지 갔다. 물속에서 수초를 먹고 있는 것을 보면서 숨을 쉬러 나오는 모습도 볼 수 있을까 기대했다. 운이 좋았다. 바다거북은 정면 샷을 허락해 주었다. 사진을 찍다가 이상한 것을 발견하였다. 바다거북 옆에 떠 있는 일회용 컵. 바다거북에게 일회용 컵이 필요할까? 그 전날, 스노클링을 했을 때가 생각났다. 나는 물속에서 거북이가 수초를 뜯어 먹는 장면을 바로 앞에서 볼 수 있었는데, 그때 스노클링 직원 분이 거북을 만지지 말라고 하면서, 만지면 벌금을 내야

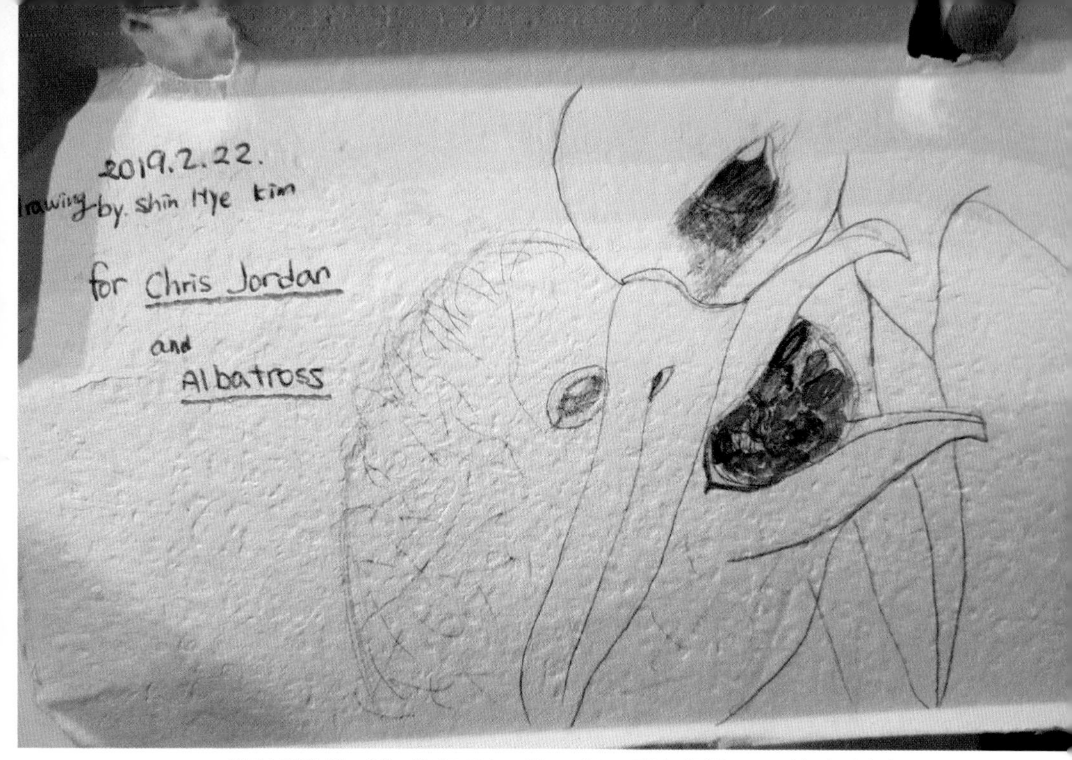

플라스틱을 먹고 있는 알바트로스 그림. 크리스 조던의 사진을 보고 가슴이 아파서,
버려진 계란 상자 위에 그림을 그려보았다. 일회용품의 위협은 바다거북에게만 닥친 일이 아니다.

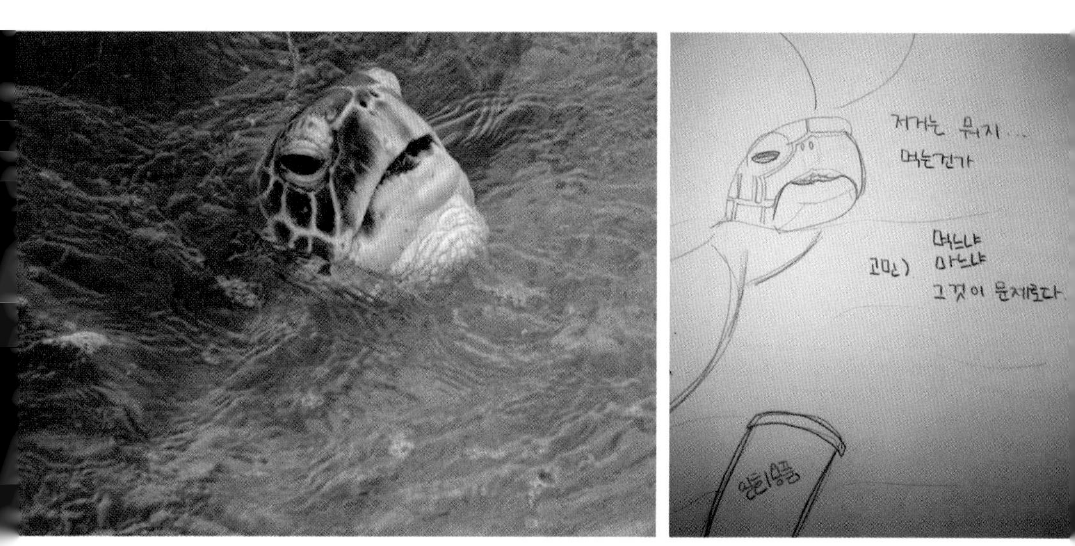

바다거북(좌)을 보고 그린 그림(우).
바다거북이 쓰레기 때문에 고통을 받지 않았으면 좋겠다.

된다고 했다. 나는 바다거북 뿐만 아니라, 바다를 지키기 위한 벌금도 있으면 좋겠다고 생각했다.

'바다거북은 일회용 컵이 필요하지 않습니다.'

*나에게 온 비단벌레

탐사지에서 보고 싶은 생물을 만났을 때, 생각도 하지 못한 생물을 만났을 때가 나는 자연덕후로서 가장 행복한 순간이다. 2018년 일본 대마도에 갔는데 만송원의 고목에서 빛나는 초록빛을 보았다. 온몸을 감싸는 초록빛, 무지개빛 등줄기, 신발을 신은 듯한 발, 멀리서도 보이는 커다란 눈동자. 한 번에 비단벌레라는 것을 알아볼 수 있었다. 우리나라에

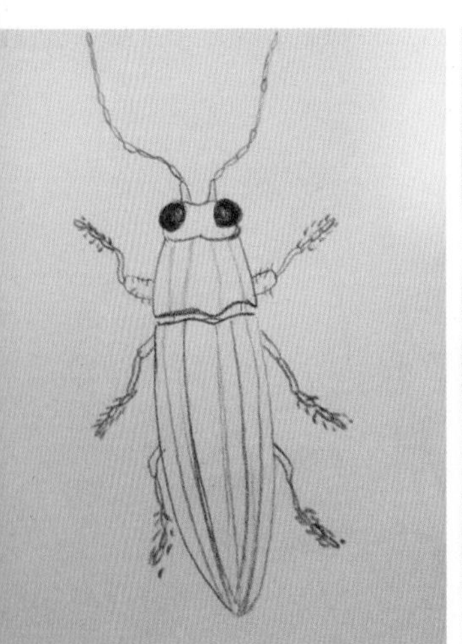

내 생애 처음 만난 멸종위기 야생생물 I급의 비단벌레. 그 찬란함이 아직도 생생하다.

배윤혁, 허지만 연구원과의 꿈 같은 탐사.
우리는 이날, 모두 비단벌레의 빛깔에 반했다.

서는 멸종위기 야생생물 Ⅰ급이자 천연기념물인 비단벌레를 내가 볼 수 있다는 것이 너무 행복했다. 더운 날 만송원까지 간 나의 피곤함을 날려주었다. 비단벌레가 날아갈까 봐 숨죽이고 살금살금 다가갔다. 나는 바로 대마도에서 탐사 중인 배윤혁 연구원께 메시지를 보내 기쁨을 나누었다. 비단벌레가 날아가는 모습이 아직도 슬로모션으로 보이는 것 같다. 빛나는 초록빛 겉날개와 갈색빛 속날개가 어우러진 그 찬란한 모습을 한번만이라도 더 보고싶다.

*봄은 위험했다

수원청개구리를 찾으러 익산 논두렁을 걷다 번덕번덕 빛나는 고라니 똥을 보았다. 몇 달 전 바이오블리츠에서 포유류 박사님과 6학년인 내가 선운산 정상을 오르면서 포유류 똥을 찾아 다녔는데, 우연히 논에서 고라니 똥을 발견하게 되니 정말 기뻤다. 다음 날 서울로 올라가는 국도, 로드킬 당한 고라니를 보았다. 제대로 보지 못해 다시 돌아가 사진으로 기록을 남겼다. 생각보다 컸고, 내장과 빨간 피를 그대로 볼 수 있었다. 고라니의 시간과 생명은 그렇게 멈췄다. 하루 만에 고라니의 생과 사를 보았다. 봄은 움직이는 계절인데, 자연의 봄은 멈추기도 하였다. 서식지를 잃어가고 있는 생물들에게 봄은 위험한 계절이다. 내가 할 수 있는 일이 기록뿐이라 안타깝지만, 이 기록을 통해 사람들은 분명 변할 거라 생각한다. 자연을 제대로 알고 자연과 함께 하기 위해 무엇을 해야 하는지 나는 계속 찾을 것이다.

국도에서 만난 죽은 고라니.
아직 길가에 있는 것으로 보아 로드킬을 당한 지 얼마 안된 것 같다.

앞으로 우리가 지켜나가야겠지….

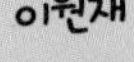

'과거에 호랑이, 늑대 등 대형육식 포유류가 했던 고라니의 개체 수 조절을 지금은 로드킬이 하고 있다.' –최현명(숲 해설가 양성교육 야생동물 수업 중)

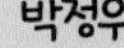

오빠 슬프지만 진짜 맞는 말인 것 같아… ㅠㅠ

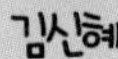

ㅜㅜ로드킬. 봄이 되면 정말 국도에서 많이 볼 수 있는 거 같아서 슬포. 저번에 분당 가는데 길에서 두꺼비가 도로로 걸어가는 걸 보고 깜짝 놀랬잖아! 정말 도로도 알고 보면 서식지의 일부인 거 같아.

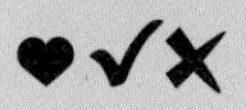

GO라니

두꺼비가요? 헉! 도로를 걸어 다닌다니… 차에서는 못 볼 텐데…… 유도경로를 만들어야 하나요? 이런 문제는 또 어떻게 해결해야 할지…. 자연의 봄이 우리에게 주는 고마움을 생각해서라도 이런 문제들이 잘 해결되면 좋겠다^^

곤줄곤줄

글고 보니 고라니는 세계적으로는 멸종위기라는데… ㅜㅜ

GO라니

슬프지만… 또한 우리들이 고개 돌려 모른 척하면 안 되는 현실을 잘 표현해주는 사진과 한 번 더 생각해보게 하는 이야기네요.

귀뚤이

서울 외곽으로 통해진 도로는 산이나 언덕을 가로질러 뚫은 곳이 많아서 생물들이 이동하는 경로가 따로 없어 로드킬이 많은 것 같아요.

꾀꼬리

이태규 장안중학교 3학년

책 『침묵의 봄』에 “봄은 왔는데 침묵만이 감돌았다.”라는 문장이 있다. 무분별한 살충제의 사용으로 많은 생물들이 죽어서 봄이 오지 않는다는 뜻이다. 이를 통해 환경을 지켜나가야겠다고 다짐하여 우리 동네 생태탐사를 시작으로 지구사랑탐사대와 뿌리와 새싹 등 탐사 및 환경보호 활동에 참여해오고 있다.

*무엇보다도 중요한 '생태계 보존' -맹그로브

다양한 생물이 서식하고 있는 중국 심천의 가장 구석에 위치한 빠광 홍수림보호구역에 다녀왔다. 그 곳에 사는 맹그로브는 바닷물을 흡수해서 '잎'을 통해 염분을 배출하는 탁월한 능력으로 습지를 튼튼하게 지키고 있다고 한다. 잎을 맛보니까 소금 맛이 나서 진짜 짜다.

맹그로브 숲은 수많은 생물들에게 살 공간을 마련해주며 태풍과 홍수 피해를 막고, 어떤 생태계보다 뛰어난 탄소저장능력이 있다고 한다. 하지만 사람들이 목탄이나 블랙타이거새우 양식장 개발을 위해 베어내어, 맹그로브 숲은 100년 뒤에 지구상에서 완전히 없어질 위험에 처해 있다. 이에 유네스코는 매년 7월 26일을 '국제 맹그로브 생태계 보존의 날'로 지정했다.

맹그로브 씨앗은 길쭉하게 생긴 것이 꼭 연필 같다. 나는 유심히 땅을

촘촘하게 거미줄처럼 엉킨 맹그로브 뿌리. 토양을 꽉 붙들어주고 쓰나미도 막아준다.

살피다 보니 제대로 자리 잡지 못한 씨앗들이 있어서 다시 푹신한 땅에 꽂아주었다. 생태계의 보고인 맹그로브 숲이 사라지지 않도록 많은 사람들의 관심과 보호가 지속되길 바란다.

*봄이 오는 걸 아는 나만의 방법

봄이 오면 산에 들에 진달래가 핀다고들 노래하는데 내가 탐사해본 봄의 시작은 다른 것 같다. 남쪽에서 양서류 소식이 들려오는 2월이 되면, 나는 도롱뇽이 언제 알을 낳는지 궁금해져 맹산습지로 도롱뇽의 알

봄에 제일 먼저 만나는 노란 개복수초. 복수초의 꽃말은 '영원한 행복'이다.

도롱뇽의 알 덩어리. 회오리 모양의 도롱뇽 알은
물에 쓸려가지 않게 나뭇잎이나 바위에 붙어있다.

을 찾아보러 간다. 2014년에는 2월 17일 즈음과 2015년 2월 15일에는 도롱뇽을 2마리나 발견했고, 2016년은 2월 12일에 두 덩어리의 도롱뇽 알을, 2017년에는 2월 12일에도 도롱뇽 알을 발견했다. 2018년에는 이전 해보다 빨리 날이 따뜻해진다는 소식에 1월 18일부터 맹산습지를 갔는데 고라니 똥만 잔뜩 있고 알은 2월에야 발견되기 시작했다. 모든 게 다 때가 있나보다. 주변은 죄다 갈색 투성이에다가 습지는 몽땅 얼음판이다. 2월은 여전히 꽁꽁 언 논에서 썰매도 타고 쥐불놀이도 하는 때이지만, 바닥 한쪽에서 선명한 초록의 풀과 노란 개복수초, 그리고 도롱뇽 알 무더기를 만나고 나면 따뜻한 봄이 시작된다. 2019년 올해의 봄은 언제쯤 시작될까?

*베란다에 찾아온 용감한 알락귀뚜라미

지구에 사는 곤충들은 사람 인구 수보다 훨씬 더 많다는데 그 중 소리 내는 곤충인 귀뚜라미를 만나려면 해가 진 저녁시간이어야 한다. 동네

베란다로 들어온 알락귀뚜라미.
밖에서 찾아 헤맬 때는 안 보이더니. 귀한 손님이 찾아왔다.

한 바퀴를 돌거나 근처 공원만 가도 소리는 쉽게 들을 수 있지만 직접 만나려면 눈에 잘 띄지 않는다.

귀뚜라미 소리가 나는 곳으로 내가 살금살금 다가가면 어느새 아무 소리도 들리지 않고, 수풀을 헤집으면 금세 달아나 버렸는지 찾을 수 없다. 그래도 귀뚜라미를 보고 싶어서 발 저리는 걸 꾹 참고 소리 났던 근처에 쪼그리고 앉아 눈 부릅뜨고 관찰하니 겨우 만날 수 있었다.

어느 한여름, 베란다에서 귀뚜라미의 소리가 들렸다. 설마 하면서 베란다의 문을 열고 나가보니 발밑에 알락귀뚜라미가 있었다. 두 날개를 들어 올려 비비는 모습까지 보여준다. 횡재했다!!! 내가 다가가 플래시를 비춰도 노래를 멈추지 않는다.

저어새를 그리고, 마음에 담고, 만나다

초등학교 3학년 때와 중학교 1학년 때 새 도감을 보고 맘에 들어 저어새 그림을 그렸었다. 주걱처럼 생긴 부리가 특이해 멋져 보였고, 긴 다리와 노란색 털이 난 몸이 인상적이었다.

얼지 않은 물을 찾아 낙동강 하구까지 찾아오는 저어새지만 오염 때

주걱처럼 생긴 부리가 매력적인 멸종위기 야생생물 I급의 저어새.
그 특징을 살려 그림을 그려보았다.

물속을 좌우로 저으면서 먹이를 먹는다고 해서
저어새라는 이름이 붙여졌다는 이야기가 있다.

문에 저수지로 밀려났다는 기사를 본 적이 있어 마음이 안 편했다.

그렇게 맘속에 담아두기만 했던 저어새를 2018년 중1 때 홍콩의 대표 습지이며 철새들의 보금자리인 마이포자연보호구역에서 드디어 만나게 되었다. 각 나라에서 오는 다양한 새들 중 한국에서부터 2,100km를 날아 여기까지 오다니 놀랍기도 했다.

전 세계에 현재 3,800여 마리밖에 없다는 저어새를 잘 보존하기 위해서는 우리나라뿐만 아니라 새들의 거점장소가 있는 모든 나라들이 지원을 아끼지 않아야 하고, 그 속에 내가 뭔가를 할 수 있는 사람이 되기를 바란다.

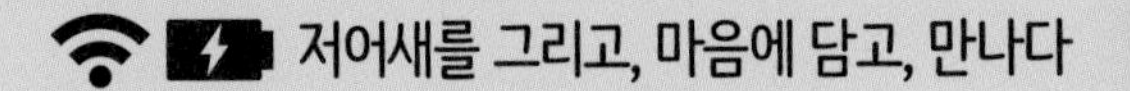

저어새를 그리고, 마음에 담고, 만나다

오빠!!! 그림 잘 그렸다!!! 그런데 오빠… 오빠가 이렇게 섬세하게 그림을 그리는 사람인지 처음 알았어… ㅎㅎ;;;;

김신혜

장풍이

전 세계적으로 저어새를 보호하고 있다는데 정작 저어새가 산란을 하는 중요한 곳인 우리나라에서는 아무런 보호가 이루어지지 않아서 너무 안타깝고 속상했어요. 태규도 같은 생각이었겠지! 저어새의 생활터전이 잘 보호될 수 있도록 힘을 보태고 싶어요. 함께 힘내요~^^

음… 저는 이번 기회를 통해 저어새에 대한 관심이 높아지고 있어요. 아이가 한때 생김새 때문에 궁금해 해서 수년 전 무작정 책만 보고 저어새를 찾으러 나섰던 때가 있긴 한데… 그게 전부였어요….

곤줄곤줄

맴맴

알면 사랑한다는 말 그대로 우리가 저어새를 보고 관찰하기 시작하니 저어새가 더 잘 보이는 것 같아요. 보고 관찰하는 것만이 아니라 함께 보호할 수 있는 방법도 생각해봐야겠네요.

곽수진 한성여자중학교 3학년

단순히 귀엽다는 이유로 생물들을 좋아하다가, 이제는 생태와 행동까지 궁금해진 초보 자연덕후이다. 곤충과 조류를 특히 좋아하는데, 날개를 가지고 있다는 점과 각자 자신만의 소리를 가지고 있다는 점이 굉장히 흥미롭다. 그런 흥미와 호기심 때문에 탐사하고, 관찰한 것을 기록하다 보니 자연스레 자연덕후가 되었다.

*'한 일(一)'자 모양의 눈꺼풀

2018년 1월, 지구사랑탐사대의 현장교육에서 먹이가 부족한 겨울에 새들을 돕는 모이방울 만들기를 배웠다. 자연의 재료인 솔방울, 잣방울을 이용해서 만드는 것이었다. 나는 이 아이디어에 완전히 꽂혀, 그날로 당장 아파트 정원에서 부러진 나뭇가지를 주워와서 모이방울을 만들어 내 방 보안창에 고정시켰다. 그랬더니 박새, 쇠박새, 직박구리에 멧비둘기까지 찾아왔다. 올해 겨울에는 박새와 아이컨택도 하고, 위아래로 닫히는 눈꺼풀이 가운데서 만나 '한 일(一)'자를 그린 멧비둘기가 열정적으로 몸을 긁어대는 모습도 보고, 삐비빅 노래로 동료를 불러들여 함께 모이를 먹는 직박구리도 보았다. 새들을 자꾸 보고 있으니 욕심이

직접 그린 직박구리. 어떤 대상을 자꾸 관찰하다 보면
어떻게 표현하면 좋을지 방법이 떠오른다.

방 창문에 달린 모이방울을 찾아온 멧비둘기(위)와
희고 통통한 바지를 입은 듯이 보이는 박새(아래).

또 났다. 최근 나는 조그만 새집을 한 채 준비했다. 이 새집에서 또 어떤 일이 일어나기를 주문 걸고 있다. 요즘 내가 새 그리기에 빠져든 것도 이 때문이다.

*생물다양성을 생각하다

2017년, 한강 난지공원에 놀러 갔을 때의 일이다. 미국쑥부쟁이가 피어있는 구역에 네발나비가 유난히 많이 보였다. '네발나비가 너무 많은데…?'라고 생각하고 있는데 갑자기 격렬하게 파닥거리는 소리가 들렸다. 손가락 마디처럼 굵은 무당거미 한 마리가 막 네발나비 한 마리를 사냥해서 묶고 있었다. 처음 보는! 현재진행형! 사냥 장면에 너무 놀라서 잠시 넋을 놓고 있었다. 나비가 파닥거림을 멈추자 거미는 나비를 거미줄로 둘둘 감았다. 소름이 쫙 끼치면서도 슬픈 장면 앞에서 나는 '생물

먹이를 사냥 중인 무당거미.
네발나비가 불쌍하다고 거미를 모두 잡아버리면 어떤 일이 생길까?

다양성'이 생각났다. 어느 한 종의 지나친 번식이 자연 조절되지 못했을 때 생태계의 균형은 무너진다고 했다. 자연세계의 조화로움은 다양한 생물이 존재할 때 가능하고, 그래서 포식자와 피식자는 공존해야 한다. 그날 너무 많아 보였던 네발나비 개체 수가 무당거미의 사냥을 덜 안타깝게 만들었던 것 같다. 거미가 중요한 역할을 하는 것이라고 생각하니 마음이 좀 가벼워졌다.

*위장 텐트는 어디로?

2018년 사람들이 크리스마스로 들떠 있을 때 나는 철원 두루미 탐조로 들떠 있었다. 인원 제한이 있고, 전문 선생님도 같이 다닌다고 해서 나는 새들 몰래 숨어서 관찰하는 탐조를 기대했다. 우리가 탄 차가 민간인 통제구역을 넘어서자 나의 기대는 더 커졌다. '와, 이제 곧 다 같이 저 갈대밭에 숨겨놓은 위장 텐트 같은 곳에 들어가서 두루미를 눈앞에서 관찰하는 건가!!' 그러나 차를 세운 선생님은 조용히 창문을 열고 두루미를 찍으라고 하셨다. '음…? 차에서 내리는 게 아니고요…?' 탐정 같은 관찰을 기대했던 나는 위장 텐트 얘기를 하고 싶었지만 꾹 참았다. 혼자 착각에 빠졌던 걸 생각하니 지금도 웃긴다. 그래도 그날 본 두루미들은 정말 멋졌다. 두루미의 생태이야기도 너무나 재미있었다. 하지만 다음에는 꼭 조류덕후들과 함께 위장 텐트나 갈대숲에 숨어서 하는 리얼 탐조 활동을 가보는 걸로!

성조가 된 멸종위기 야생생물 Ⅰ급의 두루미들이 짝을 찾기 위해 단체로 모여있다가 한꺼번에 날아오른 모습. 바로 아래 논에는 두루미(단정학) 가족이 보인다.

멸종위기 야생생물 Ⅱ급 재두루미 가족의 모습. 3~4마리가 함께 있을 땐 가족이다.

*400개가 넘는 씨앗

나는 3년째 우리 동네 귀화식물을 조사하고 있다. 이 사진은 2017년 8월 27일 숨어있는 것을 잘 찾아내는 내 눈에 딱 걸린 흰민들레다. 나는 곤충의 생김새나 이름은 빠르게 익힌다. 하지만 식물은 참 어려웠다. 진달래와 철쭉은 물론이고 팬지, 데이지 같은 식물도 볼 때마다 이름이 떠오르지 않았다. 그런 내가 이 토종 민들레를 찾아낸 것이다! 웬일로 이 민들레에 애착이 느껴져서 씨앗만 잘 가져가면 더 번식시킬 수 있을 것 같았다. 그래서 매일 동그란 씨앗을 확인하러 성북천까지 나갔다. 나보다 한걸음 빠른 누군가가 씨앗을 꺾어 날려버린 흔적에 화도 났고, 비가 와서 여물다 만 씨앗이 썩기도 해서 좌절이 반복됐다. 하지만 딱 하나를 성공적으로 채집했고, 거기에는 60개가 넘는 씨앗이 있었다. 그것을 또 옥상텃밭에 심었더니 그 중 하나가 잘 자라서 꽃을 여러 송이 피웠다. 그래서 나에게는 지금 400개가 넘는 씨앗이 있다.

꽃잎 한 장마다 보이는 노랗고 긴 수술. 암술은 아래 살짝 숨어있다.
꽃도 씨앗도 한 송이로 보이는 것이 매력이다.

씨앗 부자~~ 부럽당^^

음~ 저에겐 그 어떤 것보다도 소중한 토종 민들레 씨앗이죠!

올해는 수진이가 토종 민들레를 심어서 널리 알려줘. 흰민들레는 보기 어려워^^

저 씨앗 채집하기 위해서 얼마나 많은 날들을 조마조마하며 지냈을까. 정말 열정과 끈기의 수진이야!! 기립박수 보낸다 ~~!!!

씨앗 부자라는 말이 딱~ 맞는 멋진 표현이네요~^^
수진이를 보니 이런 기사도 떠오르네요! 우리나라의 토종 종자들을 몬산토라는 국제적 기업에서 다 사들여서 로열티를 주고 씨앗들을 가져와 심어야 한다고 했던 슬픈 기사! 모두가 수진이 같은 마음으로 우리 토종 종자를 지키려 한다면 좋겠다. 희망을 가져 봅니다. 멋진 한걸음에 파이팅 합니다.

흰민들레 홀씨는 작은 우주 같아요. 멀리 멀리 날아가 더 많은 생명을 피우길 응원합니다. 민들레 홀씨가 영글 때 방울새가 이 씨앗을 먹으러 온 적이 있어요. 방울새가 똥을 누면 민들레 홀씨가 발아되겠죠? ㅋㅋㅋ

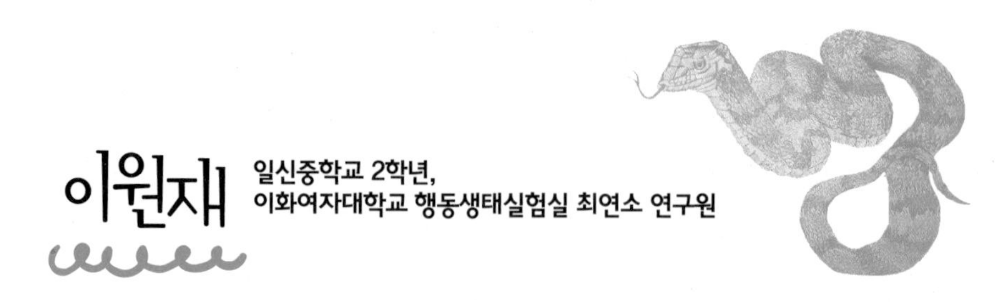

이원재

일신중학교 2학년,
이화여자대학교 행동생태실험실 최연소 연구원

곤충, 파충류, 양서류…. 보기만 해도 나는 가슴이 두근거린다. 산속을 헤매고, 논두렁에 빠지고, 모기에 물리고, 비에 젖어도 행복하다. 국내 양서파충류 전 종을 보고 싶고, 사라져가는 생물들을 지키고 싶고, 멋진 사진을 촬영할 수 있는 좋은 카메라로 바꾸고 싶고, 내가 원할 때 언제든지 탐사하고 싶고…. 생물학도가 되어 이 모든 소망이 이루어지길 오늘도 꿈꾼다.

*너를 잡고 나는 깜짝 놀랐어

광릉 숲에서 열리는 우리산림생물바로알기 탐사대에 참여하게 되었다. 쉬는 시간, 10월이지만 혹시 죽은 사슴벌레라도 있지 않을까? 라고 생각하며 주변을 살피는 중이었다. 큰 나무 아래에 사슴벌레 시체가 잔뜩 쌓여 있었다. 도대체 몇 개나 될지 궁금해서 개수를 세고 있을 때 내 옆으로 무언가 "파파팍" 튀었다. 뭐지? 하고 돌아보는 순간 너무 놀라서 덥석 잡았고, 손을 살짝 풀었을 때 얼굴이 빼꼼 나왔다. 얼굴을 보자마자 안심했다. 도마뱀이 보였다. 도마뱀의 피부는 장지뱀처럼 까칠까칠하지 않고 미끈미끈했다. 처음 만난 도마뱀을 자세히 관찰하고 나서 놓아주었더니 마치 모델 같이 멋진 포즈를 취해주어 도마뱀을 예쁘게 촬영할 수 있었다. 생각지도 않게 도마뱀을 만나게 된 행운의 날이었다.

생각지도 못한 곳에서 만난 도마뱀. 의외의 만남에 더욱 더 반가운 마음이 들었다.

*바다거북과 함께 있으면 시간이 느려진다

대만 류추향섬에서 첫째 날 멀리서 숨을 쉬는 바다거북을 보았다. 다음날 새벽에는 바로 앞에 바다거북이 있어서 마음껏 관찰할 수 있었다. 바다거북이 해초를 먹은 뒤 숨을 쉬러 올라올 때 찰칵! 사진을 찍고 수다를 떠니 시간이 훌쩍 지났다. 드디어 물속으로 바다거북을 만나러 갈 시간.

바다거북을 눈앞에서 보기 위한 기대를 100%로 풀 충전을 한 뒤, 잠수복을 입고 입수. 바다거북들이 보였다. 실감나지 않았다. 얼마 되지 않아 내 옆에 바다거북이 다가왔다. 혹시나 바다거북이 나를 피할까봐 긴장을 하는 순간, 바다거북은 나를 신경도 쓰지 않고 리얼 사운드 먹방을 시작하였다. 칵! 칵! (먹는 소리) 바다거북이 헤엄을 치기 시작했다. 난 바다거북을 따라갔고 그것은 꿈만 같았다. 물을 가르는 바다거북과 나. 단둘이 영원히 깨지 않는 꿈을 꾸는 것 같았다.

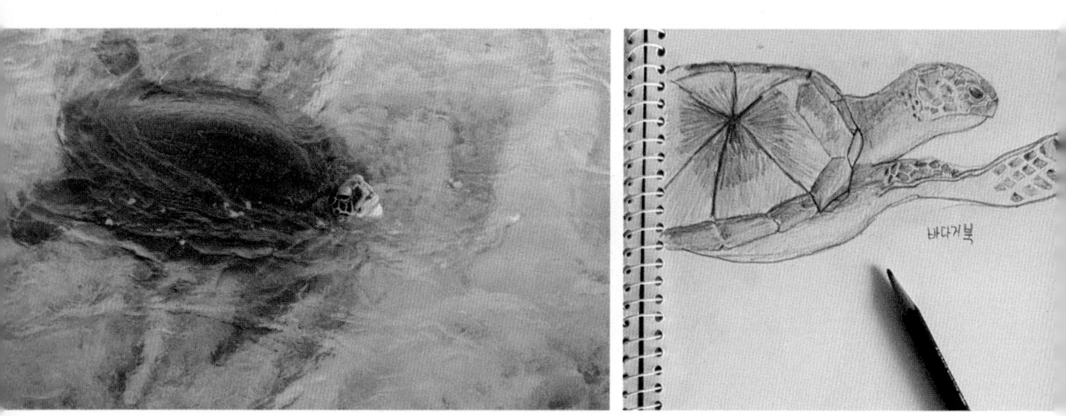

유유히 물속을 가르는 바다거북. 바다거북의 여유로움은 나까지 느긋해지게 한다.

숨을 쉬러 올라온 바다거북 2마리. 동시에 고개를 내민 절묘한 순간이었다.

*매미야 너를 우리가 기억할게

10살 때 아파트에서 놀다 조그마한 물체가 도로 위를 기어가는 것을 보게 되었다. 처음에는 풍뎅이인 줄 알았다. 하지만 가까이 가서 보니 집게발이 있었고 매미처럼 수액을 먹는 용도로 이용되는 주둥이 같은 것이 있었다. 나는 바로 도감에서 보았던 매미 약충(불완전변태 곤충의 유생)인 것을 알아차렸다.

그래서 생전 처음 보는 매미 약충의 우화를 자세히 지켜보기 위해 집으로 데려왔다. 책에 나온대로 나뭇가지를 구해서 매미 약충이 올라갈 수 있도록 만들어 주었다. 그러자 매미 약충은 본능적으로 나무를 타고

집으로 데리고 온 매미 약충.
우화 과정을 지켜보았지만 결국 아쉽게도 실패하고 말았다. 무엇이 부족했을까?

올라갔다. 다음날 아침에 매미는 우화를 하고 있었다.

'매미야 힘내! 이제 곧 매미가 될 수 있어.'

라고 응원해주었지만, 매미의 시계는 움직이지 않았다. 날지 못한 매미를 본 나는 울음을 터트릴 수밖에 없었다.

'매미야 정말 미안해. 다음에는 꼭! 멋진 매미가 되렴.'

*내가 직접 찾았고, 내가 직접 보았고, 내가 직접 촬영해서 소중했다

이끼도롱뇽은 아시아 대륙에서 유일하게 우리나라에만 살고 있고, 폐호흡 대신 피부호흡을 하는 미주도롱뇽이다. 또 위험에 처했을 때 다른 도롱뇽들은 꼬리를 끊지 않지만, 이끼도롱뇽은 도마뱀처럼 꼬리를 끊을 수 있다. 녀석을 찾았을 때 전혀 찾을 거라는 기대를 하지 않았다. 왜냐하면 이끼도롱뇽을 연구하고 있는 전종윤 멘토가 한동안 계속된 폭염으로 땅이 말라 이끼도롱뇽을 못 찾을 수도 있다고 말씀하셨기 때문이다. 그 말을 듣고 돌아서서 돌을 들추었는데, 꼭 보고 싶다는 마음이 전해졌는지 반짝이는 눈을 보게 되었다. 순간 너무 놀랐지만 등에 있는 이끼도롱뇽 특유의 오렌지색 무늬를 보고 이끼도롱뇽임을 알아차렸다. 녀석을 잡기 위해서 0.7초간 눈싸움을 한 뒤, 도망치려할 때 잽싸게 잡

장태산자연휴양림의 이끼도롱뇽. 촬영한 개체 중 가장 성숙한 개체였다.

꼬리를 끊은 이끼도롱뇽의 모습. 무슨 일이 있었기에 꼬리까지 끊어야 했던 걸까?

아 나도 모르게 "잡았다."를 외쳤다. 이끼도롱뇽과의 첫만남에 흥분을 감출 수가 없었다. 점점 굵어지는 빗속에서 팬티까지 젖는 줄도 몰랐던 잊지 못할 탐사였다.

내가 직접 찾았고, 내가 직접 보았고, 내가 직접 촬영해서 소중했다

0.7초의 눈싸움!! 긴박감이 느껴진다~!! 땅이 말라서 못 만날 수도 있었는데, 정말 끝까지 돌을 들추는 의지!! 굿굿~~

GO!고라니

돌을 들췄는데 이끼도롱뇽이 튀어 나왔어요. 완전 운이라 할 수 있네요. 그런데 운은 아무에게나 따르는 게 아니고 원재 같이 열심히 찾는 친구에게 오는 것 같아요.

개골도사

오늘은 없을 거다! 하면 거의 포기를 하게 되는데 역시 포기하지 않는 의지~~~ 대단대단~~

곤줄곤줄

그날 기상환경이 좋은 상황은 아니었다고 했는데 끝까지 포기하지 않는 열정에 이끼도롱뇽도 포기한 것 같아. 원재 파이팅^^

맴맴

그래야 이원재지요!!! 감사합니다!!!

이원재

이끼도롱뇽을 만나기가 그렇게 어렵다는데!! 원재여서 찾을 수 있었어~!! 모두가 인정!!!

GO!고라니

말도 마세요~ 장태산이 떠나가는 줄 알았답니다. 원재가 정말 좋아했어요.

장풍이

열정에 박수를 짝짝짝!! 모든 기회는 준비된 사람에게만 온다는 진리를 일깨워주네요~^^

귀뚤이

도롱뇽의 생김새는 정말 신비합니다. 자연이 빚어낸 온갖 디자인은 모두 그렇지만 특히 도롱뇽은 더욱 그래요. 원재 따라서 도롱뇽 탐사 나서야겠어요.

Bong-Hee Lim

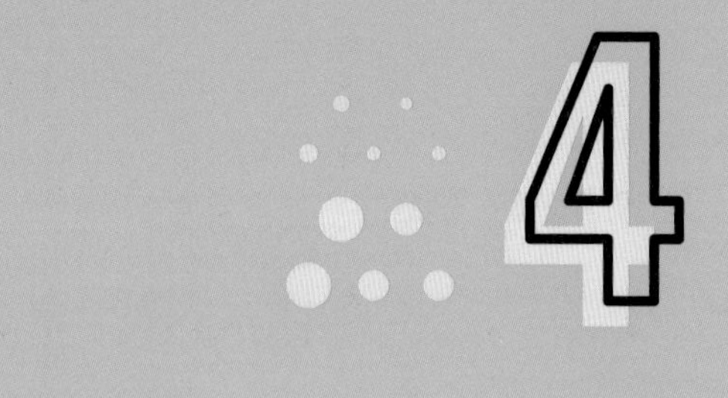

자연에 꽂히다

아이1: 다음주 금요일 중랑천에서 조류 탐사하는 거 알아?
아이2: 응! 당연 가야지!
아이3: 너 이번 목표종이 뭐야? 난 원앙!
아이1: 어? 나는 흰목물떼새야!
아이1,2,3: 중랑천에서 보자!
아이2: 도감, 쌍안경, 카메라 꼭 챙겨!
아이3: 핫팩! 나 지난주에 갔다 얼어 죽는 줄 알았어!

박정우 한가람고등학교 3학년

초등학교 때부터 8여 년간 꾸준히 참여한 '숲 해설 프로그램'을 통해 식물, 양서류, 새 등 다양한 생물에 관심을 가진 자연덕후가 되었다. 뿌리와 새싹 소모임 '메리스템'을 만들어 김포공항습지 보호운동 등에 참여하였으며, 지금은 주로 안양천에서 양서류, 조류 관찰&보호 활동을 하고 있다. 2017년 최연소로 숲 해설가 자격증을 취득하였다.

✽어디에서 왔고, 무엇이며, 어디로 가는가?

중학교 졸업사진을 찍은 여름날 엄마가 긴급 호출을 한다. 학교 바로 옆 공원 속 30평 남짓 작은 논에서 제비를 봤다는 것이다. 생각지 못한 내용이지만 7년 넘게 날 따라다니며 덕력을 갖춘 엄마이기에 혹시나 하는 마음으로 등굣길을 거슬러 올라갔다. 놀랍게도 제비는 몇 분 지나지 않아 모습을 비췄다. 꽤 많았다. 이제 다음 미션은 번식지를 찾는 것이다. 동네를 훑은 끝에 번식지 마을을 찾았다. 새로 꾸린 곳은 아니었다. 그렇다면, 도심 한복판에서 이들이 원래 진흙과 먹이를 얻은 곳은 어디고 왜 이 작은 논으로 왔을까? 다음 해, 내가 이 질문을 탐구할 시간을 주지 않고 제비가 집 짓는 골목은 재개발로 사라졌다. 충분히 친해지지도 못한 채….

집 근처에서 발견한 제비. 제비는 서울 곳곳에서 살아가지만,
전원적인 이미지 때문인지 알아보는 시민은 많지 않다.

*소속을 밝혀라!

한 곳에서 겨울철새 탐조가 5년쯤 되니 이곳에서만큼은 철새 오는 패턴을 다 아는 것 같고 마치 새가 뿌리내린 식물인 양 착각에 빠지는 때가 있다. 이럴 때 필요한 게 새로운 관찰 혹은 깨달음이다. 2017~18년 한겨울에 만난 이 개체가 바로 그런 것! 처음엔 머리를 보고 흰뺨검둥오리로 보았다. 그런데 꼬리와 가슴은 청둥오리의 것이었다. 새 덕후 몇 분께 여쭤 보니 예상대로(?) 두 오리의 교잡(유전적 조성이 다른 두 개체 사이의 교배)이었다. 다음 모니터링에서 나는 이 개체부터 찾았다. 흔치 않은 교잡이고, 이 친구를 따라다니면 귀중한 정보를 얻을지도 모른다는 생각에서. 하지만 그해 이 개체를 다시 만날 수는 없었다. 녀석이 돌아온다면, 흰뺨검둥오리 쪽 부모는 어디 있는지, 동료 청둥오리는 가족인지? 혹 차별받고 있지 않은지 물어보고 싶다.

관찰 당시엔 생소했던 교잡 개체. 이 개체는 다시 만나지 못했지만
최근 표현형이 다른 교잡 개체가 계속 관찰되고 있다.

2015년 성탄절에 만난 유일한 재두루미 가족.
객토 차량을 피해 날아오르는 모습이 안타까웠다.

흐린 겨울 하늘에 편지를 써~ (feat. 김광석)

초등학생이던 2012년, 숲 해설 선생님 차를 타고 가까운 시골마을(?)의 겨울 논에서 재두루미 70마리를 만났다. 사진은 없지만 가장 기억에 남는 탐조다. 2년 후 알고 보니 그 논은 금개구리가 노래하는 습지 길 하나 건너에 펼쳐진 논이었다. 기대를 안고 3년 만에 찾아간 논, 하지만 옛 영광과 달리 내가 만난 재두루미는 이 한 가족 뿐…. 객토 중인 트럭에 놀라 쫓겨 날아가는…. 김포로 가던 재두루미들이 아파트가 생기면서 부천으로 왔는데, 객토에 의한 먹이 부족과 트럭 때문에 부천에서도 떠나고 있다는 이야기를 들었다. 지금은 간신히 명맥만 지키고 있는 부천은 옛 영광을 되찾을 수 있을까? 재두루미가 맘 편히 경유할 곳을 찾으려면 몇 번을 더 쫓겨나야 할까? 사진의 하늘처럼 우울한 노래를 불러본다.

백할미새(좌)와 곤줄박이(우). '할미새 닮았다'는 '귀엽다'의 표현으로 손색없는데, 일상생활에서 사용하면 오해받기 딱 좋다.

*동네 산책길의 귀요미들

방학 혹은 주말에 1~2시간의 짬이 날 때 부담 없이 나가는 산책길은 100% 부정기 자연관찰을 겸한다. 내 산책 관찰코스는 산 코스로 자연 덕질을 처음 시작한 동네 야산 신정산, 습지(강) 코스로 정기 관찰지인 안양천 두 곳이다. 이 두 곳에서의 동물 사진 중 베스트 컷을 하나씩 골라 보았다. 안양천 코스의 표지모델은 백할미새다. 산책에서는 물론 정기 관찰에서도 이 친구는 등장하는 순간 탐조의 주 목적인 오리의 인기를 단숨에 뛰어넘는 신스틸러다. 글을 쓰면서도 sin함수의 궤적 같은 비행 폼과 높은 목소리가 보이고 들리는 듯하다. 신정산 코스의 주인공은 곤줄박이다. 직박구리, 박새처럼 산 탐조가 잘 안 될 때에도 모습을 보여주는 고마운 새인데, 신정산 새 아지트인 약수터 아래 웅덩이에서 만난 모습이 예쁘게 보인다. 물이 귀한 도시에서 산의 작은 옹달샘은 새들의 핫플레이스가 된다. 도시 숲에서 탐조를 한다면 물이 고인 곳에서 기다려보자.

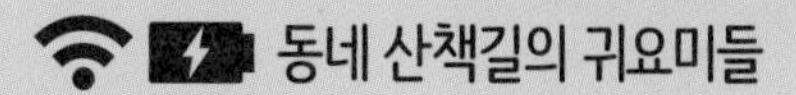

오빠… sin함수의 궤적과 같은 비행이면… 무슨 뜻이야?

김신혜

이런 거ㅋㅋㅋ 직박구리도 가지고 있는, 오르락내리락 반복하는 비행 폼을 말하려는 건데 표현이 생각이 안 나ㅋㅋㅋ

박정우

신혜야! 3년 후면 배울 거야!!! 형! 자연 속에도 숨어있다니, 삼각함수의 침투력은 그저… 빛.

엄재윤

재윤아 중력 때문에 상승할 때 에너지가 더 들고 구간이 짧은걸 고려하면 〈구간을 나눠 정의된 함수〉 중 상승 시가 하강 시보다 더 가파른(미분계수의 절대값이 큰) 삼각함수로 이루어진 모평 30번급 함수가 될 거 같아… ㅋ

박정우

재윤오빠 3년 후라… 그리 멀지 않는 미래인 것 같기도 하고… ㅎㅎ

김신혜

백할미새가 꼭 사인함수처럼 비행하는 이유는 뭘까요?

개골도사

혹시… 깃털과 뼈의 구조의 차이인가요???? 너무 궁금해집니다. 어떻게 하면 알 수 있을까요????

김신혜

sin함수의 궤적… 아름답지만 수1에서는 아름답지 않죠….

엄재윤

맞다. 교육과정 바뀌었지ㅋㅋ (이과만 배우는 미적 2에서 처음 만난 1인)

박정우

유다은 이리여자고등학교 2학년

수원청개구리에 호기심이 생겨서 지구사랑탐사대 활동을 시작하였다. 2014년 수원청개구리 보전활동을 주제로 제인구달 박사님 앞에서 발표를 한 것이 열심히 탐사활동을 할 수 있는 계기가 되었다. 양서류 서식지 모니터링을 연구하여 전국과학전람회에서 2017년, 2018년 장관상을 받았으며, 지금도 양서류 서식지 보전을 위해 활동을 계속하고 있다.

✽수원청개구리의 하소연

내 표정이 왜 이러냐고…. 쌀값이 폭락해서 걱정이야.

쌀농사가 돈이 되질 않는다고 자꾸 논을 없애.

논을 메꾸고 비닐하우스, 축사, 도로, 건물을 만들어.

우리는 그냥 살던 집에서 사는 것이 제일 좋아.

고향을 떠나지 않고 친구들과 재미있게 살고 싶어.

곧 있으면 겨울잠을 자야 하는 시기인데,

내가 잠을 자는 동안 내가 살고 있는 이곳이 콘크리트로 덮여버리면 어떡하지? 도로가 생기고 콘크리트 수로가 만들어지면 우리는 겨울잠에서 깨어나지 못할지도 몰라. 내가 지금 쓸데없는 고민을 하는 것은 아니지? 우리의 얘기를 귀담아 들어줘. 우리도 너희 곁에서 오래 오래 살고 싶어.

수심에 찬 듯 보이는 수원청개구리. 서식지가 점점 사라지는 현실을 아는 것일까.

쌀밥을 먹는 것도, 수원청개구리를 지키는 하나의 방법이다.

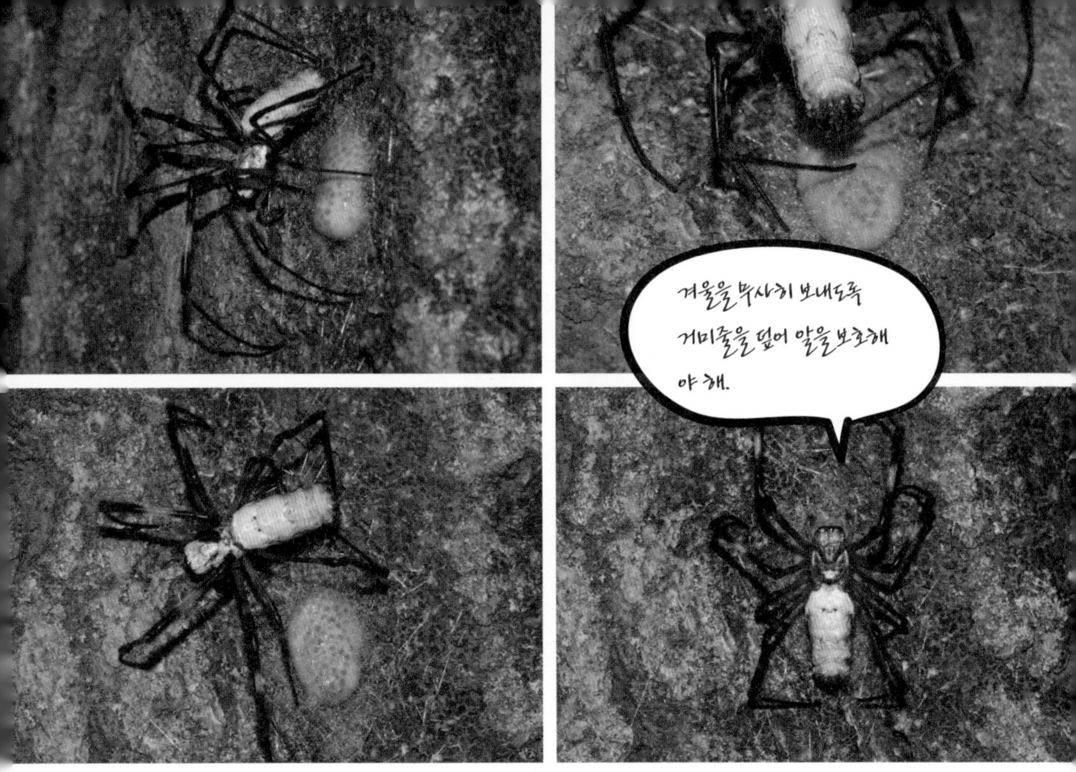

알주머니를 둘러싼 튼튼한 거미줄. 어미의 모성애는 포근하고 굳건하다.

*무당거미의 모성애

가을이면 커다란 거미줄을 쳐놓고 먹이를 기다리는 무당거미를 쉽게 볼 수 있다. 파리, 잠자리 등이 말라서 거미줄에 대롱대롱 매달려있다. 무당거미의 거미줄에 걸려 꼼짝없이 먹이가 된 것 같다. 통통해진 몸집을 한 무당거미는 아직도 먹이가 부족한 듯 열심히 거미줄을 수선하며 바쁘게 움직인다.

무당거미가 거미줄을 치던 곳을 가 보았다. 벚나무에서 무당거미가 바쁘게 움직인다. 자세히 보니 무당거미의 몸이 홀쭉하다.

알을 낳아서 날씬해진 몸을 한 무당거미는 꽁무니에 있는 거미줄로부터 실을 뽑아 아주 꼼꼼하고 정성스럽게 알 덩어리를 싸맨다. 알주머니를 싸고 있는 거미줄은 비단실처럼 튼튼하고 부드러워 겨울의 추위로부터 알을 지켜준다고 한다. 며칠이 지나면 어미 무당거미는 추위와 굶주림 속에서 알주머니를 지키다가 죽어갈 것이다. 새끼들을 위한 어미의 사랑에 가슴이 뭉클해진다.

*개구리 구사일생

익산 몽환마을 논두렁에서 멸종위기 야생생물 Ⅱ급 금개구리 탐사를 하였다. 금개구리들은 농수로 안 수초 위에서 휴식을 취하다가 누가 다가오는 소리가 나면 물속으로 쏙 들어가 버렸다.

어느 날은 금개구리 한 마리가 뱀에게 먹히고 있는 장면을 보게 되었다. 마침 지나가시는 이장님이 흙덩이를 뱀에게 던졌다. 놀란 뱀은 똬리를 풀고 금개구리를 놔주었고, 스르륵 사라져 버렸다.

뱀에게 잡아먹힐 뻔한 멸종위기 야생생물 Ⅱ급의 금개구리(좌).
이장님의 도움으로 간신히 살아남았다(우).

농수로 안으로 떨어진 금개구리는 한참 동안 움직이지 않아서 죽은 줄 알았는데, 계속 지켜보니 꿈틀꿈틀 움직이다가 물풀 사이로 쏙 사라졌다. 이런 장면을 볼 수 있는 것은 이곳의 농수로가 흙수로였기 때문이다. 콘크리트 수로로 점점 바뀌는 다른 지역에서는 볼 수 없는 일인 것 같다.

*우리 논에 개구리 읎어

어느 날, '꽥꽥꽥' 하는 소리를 따라 논으로 향하고 있는데, 마침 논에서 일하시는 할머니가 나에게 물으셨다.

"뭐하러 왔어?"

논에 사는 수원청개구리. 노란 턱 밑의 울음주머니가 유난히 눈에 띈다.

큰 울음주머니만큼이나 우렁찬 노랫소리를 뽑아낸다.

"안녕하세요? 할머니. 개구리 소리가 들려서요."

"우리 논에 개구리 읎어. 농약을 혀서 깨끗혀. 암것도 읎어."

할머니께서는 옆에서 열심히 노래하는 수원청개구리 노랫소리가 들리지 않으시나 보다. 아는 만큼 보인다. 알면 사랑한다. 관심이 없는 사람에게는 보이지도 들리지도 않는다는 것을 알게 되었다.

논에 써레질을 하시는 할머니 옆에서 수원청개구리는 우렁차게 노래를 부른다. '꽹! 꽹! 꽹! 할머니 내 노랫소리가 들리나요? 나 여기 있어요.' 수원청개구리가 이렇게 노래하는 것 같다.

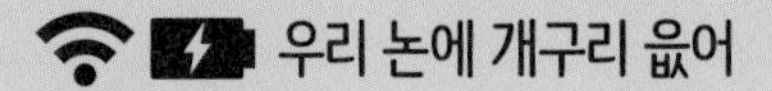

우리 논에 개구리 읎어

ㅋ 이 글을 보면서~ 자연스럽게 할머니의 그때 표정과 말투가 상상되어져 웃음 짓게 되는 건~ 다은이의 재미있는 글 솜씨 덕분이겠죠~^^ 수원청개구리의 투덜거림도 들리는 듯ㅋ 항상 곁에 있어 오히려 알아채지 못한다는 메시지가 멋져요!

귀뚤이

음… 나도 얼마 전에 우리 동네에는 참새하고 비둘기밖에 없다고 했다가…ㅋㅋㅋㅋ

곤줄곤줄

우리는 한 번 보기 어려운 수원청개구리가 할머니 논에는 너무 흔해서 그냥 대수롭지 않은 듯하네요~~ 할머니 그 청개구리 엄청 귀한 아이예요~~~

장풍이

아마 그 할머니는 평생 수원청개구리의 노래를 들었을 텐데 놀랍죠. 우리 사람의 선택적 학습능력!

개골도사

저희도 그런 적이 있었죠. 개구리 보러 왔다니. 개구리 없다고~~ 아마 노랫소리가 개굴개굴이 아니라서 그런 것이 아닐까요~~~ 하긴 할머니에게는 개구리보다 더 중요한 일들이 많기에…….

맴맴

엄재윤 경신고등학교 2학년

생물에 '생'자도 모르는 초등 5학년 때 호기심이 생겨 자연으로 향했다. 처음 만난 자연은 꿈을 갖게 해주었다. 자연에서 만난 수많은 별이 나를 천문학으로 이끌었다. 하지만 생물도 너무 재미있었다. 그래서 천문학과 생물학의 만남인 우주생물학을 공부하고 싶다는 마음이 생겼다. 지금은 그 목표를 향해 노력하고 있다.

*세모배매미가 준 뜻밖의 선물

덥다고 느껴질 때 갑자기 나무 주변이 시끄러워졌다. 매미의 철이 돌아온 것이다. 나는 매미를 특히 좋아한다. 주변에서 만나기 가장 쉬운 생물친구이기 때문이다. 어느 날 윤혁이 형과 지만이 형이 세모배매미를 보러 강원도로 향한다는 소식을 듣고 새로운 매미를 보고 싶은 마음에 따라 나섰다. 새벽부터 산행을 했지만 만나지 못했다. 아쉬운 마음에 주변을 둘러보고 있을 때 윤혁이 형이 "어! 붉은점모시나비다."라고 소리쳤다. 나는 흰색 날개에 붉은 점이 새겨진 아름다운 나비를 보았다. 한 번도 보지 못한 나비였는데 붉은 점이 무척 매력적이었다. 이 나비의 유충은 기린초를 먹는다고 하는데 역시나 기린초가 주변에 많이 있었다. 세모배매미를 만나지 못했지만 그 친구는 나에게 붉은점모시나비라는 뜻밖의 선물을 주었다.

멸종위기 야생생물 I급의 붉은점모시나비. 산 정상에서 발견한 의외의 선물이다.

야생에 피어있는 기린초. 붉은점모시나비의 먹이식물이다.

✻자연의 섭리

합정동에는 터줏대감 고양이가 있다. 그 고양이가 날 유심히 쳐다본다. "무슨 일이지?" 호기심이 생긴 나는 고양이에게 다가갔다. 고양이 발밑에서 검은 물체가 보였다. 암컷 제비였다. 고양이는 자신이 한 짓이 아니라는 듯 고개를 돌리고선 죽은 제비를 가지고 놀았다. 그 모습에서 나는 고양이의 본성을 볼 수 있었다. 제비에게 달려드는 고양이의 모습은 마치 호랑이 같았다. 아마도 공격을 당하는 제비의 입장에서도 실제로 고양이는 호랑이처럼 느껴질 것이다. 그 위로는 남편 제비가 전깃줄에 앉아 부인 제비가 당하는 것을 지켜보고 있었다. 아무것도 할 수 없는 남편 제비는 어떤 마음이었을까? 혼자 앉아 있는 모습이 무척이나 슬퍼 보였다.

이후에도 몇 번 찾아갔지만 빈 둥지만 남아있었다. 다음번에는 이곳에서 새끼 제비들을 만날 수 있기를 바라며 나는 또 탐사를 나간다.

암컷 제비를 사냥하는 고양이와 그 모습을 지켜보는 수컷 제비.
자연생태계에서 흔히 볼 수 있는 피식자와 포식자의 모습이다.

*농약에 아파하는 청개구리

김포의 한 논에서 특이한 청개구리를 만났다. 초록색 등에 연한 선홍빛 배와 다리를 가진 청개구리는 우리가 흔히 보던 모습이 아니었다. 아마엘 연구원에게 물어보니 농약 때문에 화상을 입은 것이라고 했다. 농약이 얼마나 심했기에 저렇게 피부가 벗겨져 버렸을까? 피부가 무척 따가워 보여서 마음이 아팠다. 오른쪽 사진에 있는 건강한 청개구리처럼 모든 개구리들이 잘 살 수 있는 환경이 되기를 바란다. 우리는 모두 농약의 장점에 대해 잘 알고 있다. 하지만 이런 장점은 단점을 쉽게 잊혀지게 만든다. 이 청개구리를 보면서 나는 농약이 주는 피해를 직접 눈으로 확인할 수 있었다. 우리가 한 행동은 작은 생물들에게 고스란히 전해진다. 앞으로는 저렇게 아픈 친구들이 없으면 좋겠다.

농약에 아파하는 청개구리(좌)와 건강한 청개구리(우).
화상으로 인해 살갗이 벗겨진 가느다란 다리가 마음 아프다.

동굴 속의 멸종위기 야생생물 Ⅰ급 붉은박쥐(좌)와 관박쥐(우).
옹기종기 모여 동면 중이다.

*동굴 속에서 찾은 뜻밖의 귀요미들

눈 내리는 겨울, 동굴 속으로 들어가니 안경에 김이 끼면서 눈 앞이 흐려졌다. 잠시 후 다시 앞이 보이기 시작할 무렵 동굴 벽에 무엇인가 매달려있었다. 자세히 보니 관박쥐였다. 황금박쥐로 불리는 붉은박쥐도 있었다. 책이나 다큐멘터리에서만 보던 친구들이 실제로 내 눈앞에 있었다. 돌 틈에 끼여 자거나 삼삼오오 모여서 자는 모습이 너무 귀여웠다. 몇몇 붉은박쥐는 등에 보석을 가지고 있었다. 사실 이슬이 맺힌 것인데 붉은박쥐의 몸 색 때문에 작은 수정구슬처럼 보였다. 더 깊은 곳으로 들어가던 중, 박쥐의 똥 무더기를 발견했다. 엄청난 규모로 최소 몇 년 치

구멍 속에 들어가 있는 관박쥐(좌)와 엄청난 규모의 박쥐 똥 무덤(우).
곤충들은 이 똥을 왜 좋아하는 것일까?

는 되어 보였고 냄새도 만만치 않았다. 그렇지만 똥을 좋아하는 곤충들이 많기 때문에 저 속에 어떤 곤충들이 살고 있을까? 라는 호기심이 똥무더기를 파헤쳐보고 싶게 만들었다. 아쉽지만 다음에 기회가 된다면 꼭 해보고 싶다. 강렬한 만남을 뒤로 하고 계속 걷다 보니 박쥐 친구들과 헤어질 때가 되었다. 친구들과의 짧은 어둠 속 만남은 나에게 눈을 헤치고 달려온 보람을 느끼게 해주었다. 박쥐들아 모두 좋은 꿈 꿔…!!

동굴 속에서 찾은 뜻밖의 귀요미들

와우! 관박쥐에게 맞춤형 구멍(?)이네요. 어떻게 저 구멍을 찾아서 안에 쏙~들어가 있는 거지?

고라니

아마 저 똥 무더기를 파보면 곤충이 엄청 나올 수도 있어요! 박쥐 똥을 좋아하는 곤충들이 많아요. 바퀴벌레, 메뚜기….

개골도사

컥! 순간 소름이… 절대 건들면 안 되는 건 제 입장이고ㅎ 연구자에게는 보물 똥단지네요.

고라니

보통 사람들에게는 똥이지만 어떤 덕후에게는 보물, 노다지이지요.

개골도사

ㅎㅎㅎ 보물 똥단지~ 혹시나 우리 아이들이 나중에 이 보물 똥단지를 파헤치고 있는 건 아닐지 휴우~~~

장풍이

저는 처음 사진을 보고 다이아몬드박쥐인줄 알았어요!

개골도사

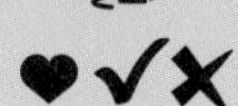

오~그런 신기한 이름의 박쥐가 또 있었군요~ 황금에 다이아몬드에…. 박쥐 이름에 명품 보석이~~ㅋ

곤줄곤줄

동양에서는 박쥐를 복과 재물이 들어온다고 좋아하지요~ 이름값을 하는 듯^^

맴맴

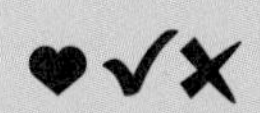

중국어로 박쥐 발음에(fu)가 있어요, 복이 온다는 복의 발음도 (fu)여서 같아요. 그래서 중국에는 박쥐가 거꾸로 매달려있는 장식품이 있어요. 거꾸로(dao)=도착하다(dao) 발음이 같아서, 박쥐가 거꾸로 있다=복이 왔다 로 해석해요~~ 이 사진을 다 같이 보니, 자연에 빠지다에 복이 올거 같아요~!!

고라니

아 그런 깊은 뜻이 있었군요~^^ 한문의 "복"글자를 거꾸로 써 놓은걸 본 적이 있었는데~ 궁금증 해결!!!

귀뚤이

인진우 둔촌고등학교 2학년

어릴 적, 작은 마당에서 여러 동식물을 키워 왔고, 학교 뒷산과 습지를 돌며 과연 생물들이 자연 속에서는 어떤 곳에서 어떻게 살고 있는지를 알고 싶어서 지난 시간 자연과 함께 할 수 있었던 것 같다. 책에서 눈으로만 보는 게 아닌 몸으로 찾으며, 기다리며 어렵게 만난 생물들은 소중해지고 관심이 간다. 그동안 만나왔던 생물의 특성을 알고 그들이 살아가는 데 도움을 줄 수 있다면 하는 바람이고, 생태환경을 보존하는 것이 우리 곁에 있는 생물을 지켜주는 것임을 깨달았다.

*대만의 조그만 섬 생물을 탐사하러 가다!

밤 12시, 물이 빠지는 한 시간 동안 재빠르게 바다 생물들을 만나러 야간 해양탐사를 나갔다. 보이는 건 깜깜한 어둠 속, 헤드랜턴 불빛에만 의지한 채!

야행성인 많은 생물들이 바쁘게 움직이고 있었다. 망둥어와 바위에 숨어있던 게들은 갑자기 비춰진 불빛에 놀랐는지 후다닥 피했다. 이런 놀라운 일이! 이 얕은 물에 책에서만 보던 쏠베감펭과 해삼이 살고 있다니! 우리나라에서는 잘 볼 수 없는, 어둠 속에서도 빛나는 파란 집게발을 가진 집게 한 마리는 단숨에 내 시선을 사로잡았다. 집게는 습성적으로 몸이 자라날 때마다 비어있는 소라나 고동을 집으로 삼고 큰 껍질로 옮겨 다닌다.

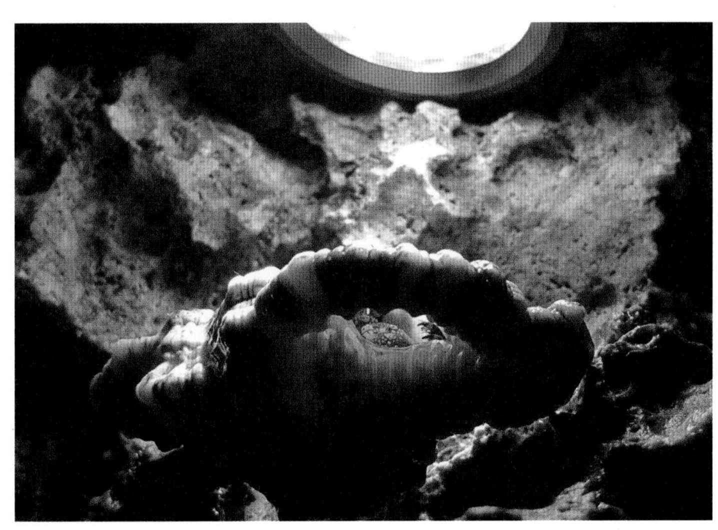

야간탐사 중 발견한 파란 발의 집게. 튼튼한 요새인 소라 껍질 속에 몸을 숨기고 있다.

샤오류츄섬에서의 야간탐사. 해안절벽 아래 물이 빠진 틈을 타 탐사를 진행했다.

다시 한 번 자세히 보고 싶어서 손전등을 비추고 한참을 기다렸지만 소리에 예민한 게는 껍질 밖으로 나오지 않았고, 몇 분 후면 바닷물이 들어오기 때문에 아쉽지만 발길을 돌려야 했다.

*화담숲에서 만난 두꺼비의 기절 연극

경기도 화담숲에서 느릿느릿 걸어가는 몸집이 큰 두꺼비를 보았다. 두꺼비는 느린 속도로 흙더미를 기어 올라가다가 굴러떨어져 뒤집어졌다. 내가 보는 것을 느끼고 아차! 싶었는지 그대로 죽은 척을 하고 있었다. 두꺼비는 독이 있어 자세히 살펴볼 수 있는 기회가 없었는데 뒤집어진 두꺼비 배를 관찰할 수 있는 절호의 기회였다.

두꺼비의 배는 등과 비슷하게 검은색 동그란 돌기가 있어 거칠거칠해 보였다. 이것이 특이하다고 생각됐던 것은, 개구리의 배는 대부분 맨질맨질하기 때문이다. 배가 주황색인 무당개구리는 붉은색으로 포식자를 위협하는데, 두꺼비는 귀 뒤샘과 피부샘에서 부포톡신이라는 독을 뿜어낸다. 이 숲은 인공으로 조성한 생태계여서 그다지 많은 생물들이 살 것이라고 별로 기대하지 않았는데, 생물들은 적당한 조건과 환경이 된다면 그 곳에서 터전을 만들어 살아가고 있다는 걸 다시 한 번 느낀 날이었다.

잔뜩 경계태세를 하고 있는 두꺼비.
독이 뿜어져 나올 듯하다.

침입외래종인 미국선녀벌레. 예쁜 이름과 화려한 생김새에 속으면 안 된다.

*한여름의 크리스마스 눈

여름심화캠프로 떠났던 서천 생태원의 뒷산은 너무 덥고도 습해서, 내가 입은 땀으로 젖은 티셔츠에서 물을 짜낼 수 있을 정도였었다. 각자 자기가 찾은 탐사종을 사진으로 찍어서 남기는 미션 수행 중이었는데, 흰 눈이 쌓인 것처럼 하얀 나뭇가지를 보고 나는 내 눈을 의심했다. 크리스마스도 아닌 한여름에 하얀 나뭇가지라니! 안타깝게도 그것은 병들어 가는 밤나무였고, 흰 눈의 정체는 나무에 병을 일으키는 외래종 병해충인 '미국선녀벌레'였다. 나무 위를 뒤덮고 있는 하얀 껍질들은 끈적거리는 형태로 나뭇가지를 감싸서 애벌레를 자라게 하고, 수액을 빨아 먹어 말라죽게 한다고 했다. 외국에서 우리나라로 건너와 토착화된 식물들을 '귀화식물'이라고 부르는데, 이런 해충은 뭐라고 불러야 하는 것인지 문득 궁금해졌다. 나중에 알아보았더니 미국선녀벌레는 외래곤충들 중 '돌발해충 삼총사'라고 불리면서, 갈색날개매미충과 꽃매미와 함께 우리나라 식물에 막대한 피해를 준다고 한다.

*거북이는 좋아도 성게는 싫어!

드디어 바다거북을 보러 입수하는 날! 거북이와 함께하는 시간도 잠시뿐! 바닥에 자라는 조류를 먹고 있는 거북을 바로 옆에서 신기하게 지켜보던 중 갑자기 주사를 맞은 것처럼 손이 아파왔다. 흙 속에 있는 성게를 미처 보지 못하고 잠깐 짚은 손에 가시가 박힌 채로 부러진 것이었다. 통증은 점점 심해졌고, 모두가 처음 겪는 일이어서 긴급 상

몸통에 비해 8~9cm가시를 가진 무시무시한 성게.
가시의 방어 효과를 통증으로 직접 느꼈다.

황으로 생각해 서둘러 약방으로 향했는데 결과적으로는 그냥 돌아오게 되었다. 알고 보니 이 섬에서는 성게 가시에 찔리는 것은 자주 있는 일이며 성게는 가시 성분이 케라틴, 즉 단백질이기 때문에 뜨거운 물에 손을 넣어 녹여 내라고 알려주었고, 그것이 이 곳 사람들의 치료법이라고 했다. 뜨거운 온도의 물에 손을 넣었다 뺐다를 반복했더니, 손이 라면 면발이 된 것처럼 불어나면서 가시는 점점 짧아져 갔다. 하지만 너무 뜨거워서 못 참고 몇 번 밖에 하지 않았더니 지금도 내 두 손가락에는 그때 박힌 성게 가시의 남은 부분이 검은 점처럼 보이게 남아 있다.

거북이는 좋아도 성게는 싫어!

저 사진의 어정쩡하고 떨떠름한 표정은ㅋ 손가락에 성게 가시를 품고 있어서겠지~^^

귀뚤이

곤줄곤줄

짜릿한 추억 하나 손가락에 품고~~~

성게에 찔려서 아파하던 모습, 어이없어하던 모습이 생생하네~ 치료법 또한 넘 간단해서 황당했었지! 단백질 성분이라 뜨거운 물에 녹이라는… 아픈 것보다도 뜨거운 물에 넣는 게 더 힘들다고ㅠ 진우 덕분에 우리는 바닷속을 탐사할 때 함부로 바닥을 짚으면 안 되고 성게에 찔렸을 때 뜨거운 물을 이용하면 된다는 과학적 상식도 배우게 되었다. 진우의 고통은 우리의 배움. 너의 희생 고마워!

장풍이

GO라니

맞아요! 진우가 뜨거운 물에 손가락 넣고 있는 게 더 힘들었다고 했던 게 생각나요~ 진우가 잘 버텨줘서 다행이다~

성게의 가시를 보면서 저것을 이용하여 포식자 방어를 하겠지 생각했지만 그 가시가 얼마나 효과적인지 잘 몰랐다. 진우의 경험을 보고 가시가 제대로 작동하는 것을 알게 되었다.

개골도사

GO라니

성게가 그런 효과적인 방어를 할 줄이야. 진우 손가락에 박혔던 검은색 가시가 아직도 생각나네요.

검
검
빨/갈
회
검
회/갈
검
검
검

5

자연과 하나되다

우리는 각자의 전문연구분야가 있는 자연덕후들이에요.
탐사를 좋아하는 사람들을 학문의 세계로 이끌기도 하고 전문가가 되도록 돕기도 해요.
자연 속에서 사는 삶이 가장 행복하다고 느끼는 사람들입니다.

명리연

이화여자대학교
분자생태학연구실

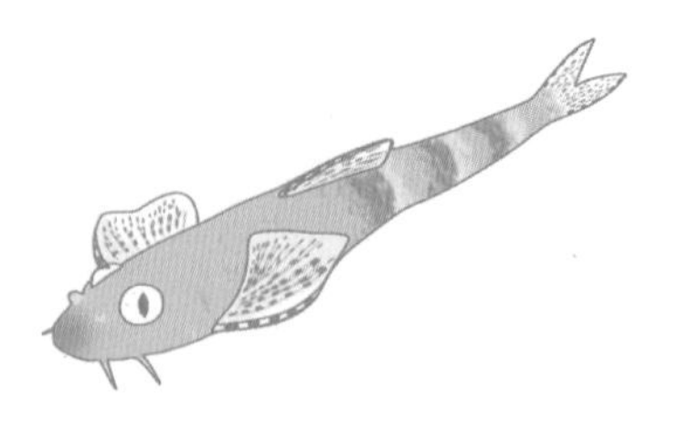

민물고기의 학문적 연구뿐만 아니라 다양한 시각에서 물고기를 바라볼 수 있는 방법을 찾고 있으며, 물고기의 있는 그대로의 모습을 사진에 담기 위해 노력하고 있다. 채집을 통해 민물고기 연구를 시작했지만, '물고기의 자연스러운 모습을 보려면 어떻게 해야 할까?'라는 질문을 시작으로 물속에 사는 그들의 일상을 관찰하기 위해 수중촬영을 시작하게 되었다.

*하룻 새미 사람 무서운 줄 모른다

하룻강아지 범 무서운 줄 모른다고. 어린 새미들도 사람이 무서운 줄 모르나보다. 햇빛이 뜨거워지는 시기쯤 어느 산 계곡에서 만난 어린 새미들은 내가 찰박찰박 소리를 내며 계곡으로 들어가도 잠깐 흩어졌다가 이내 다시 모여들었다. 내 곁으로 다가와 원래 자기들이 하던 대로 먹이를 쪼아 먹고 무리를 지어 헤엄치는 게 다였다. 덕분에 나도 외롭지 않았다. 나도 원래 거기 있던 낙엽처럼, 돌멩이처럼 그들과 함께 어울려 한참을 쉬었다.

무리 지어 바위틈 사이를 노니는 어린 새미들.
어린 새미는 성어와 달리 몸을 가로지르는 검은 줄이 뚜렷하다.

*포식자의 은신

나무 위의 쏙독새처럼, 풀 잎 위의 사마귀처럼, 수풀 속에 몸을 숨긴 치타처럼 동사리도 은신을 한다. 바위 아래 바닥에 바싹 누워서 큰 가슴 지느러미를 낮게 낮추고 밤을 기다린다. 동사리를 알아차리지 못한 잠에 취한 물고기 한 마리가 다가오길 기다리면서. 어둑어둑한 밤이 되면 한 순간의 망설임도 없이, 한 입으로 덥석 물기 위해서. 근데 느닷없이 웬 인간이 다가와 숨어있던 바위를 단숨에 들어버렸다. 들켜버렸다. 오늘 은신은 실패다. 눈치 없이 바위를 들어버린 인간 때문에 동사리는 다시 몸을 숨기러 다른 바위를 찾아 떠났다. 오늘 밤에도 저 큰 입과 날카로운 이빨 앞으로 잠에 취한 물고기 한 마리가 지나가겠지.

철원에서 만난 은신의 절대자 동사리.
너와의 눈맞춤을 위해서라도 나는 끊임없이 하천으로 향하고 싶다.

모래 속에 몸을 숨긴 모래무지 성어와 치어. 어린 모래무지는 아직 세상이 낯설다.

*인생 선배

강원도 철원에서 만난 모래무지 성어와 치어. 숨어있는 성어는 돌 틈 사이로 갑자기 찾아온 인간과 곁의 어린 모래무지를 번갈아 본다. 어린 모래무지가 이 위험을 알아야하는데, 하고 불안한 눈치다. 사람한테도 인생 선배가 있듯이, 물고기에게도 인생 선배가 있을지도 모른다. 어항에 새로운 먹이를 넣어주면 먼저 먹어보는 물고기가 있고 그 모습을 보고 뒤따라 먹어보는 물고기가 있는 것처럼. 저 작은 모래무지가 보고 배울 수 있는 어른 모래무지가 있다는 것이 저 작은 모래무지에게는 좋은 일일까, 나쁜 일일까?

*내가 너에게 무서운 존재가 아니길 바라

수중촬영을 하기 위해 가슴장화를 신고 물속을 누비다 보면 내 발자국 한 걸음 한 걸음이 물고기들에게 얼마나 큰 위협이 되는지 느끼게 되는 때가 있다. 한 걸음 내딛은 순간, 호로록하고 발밑에서 튀어나간 대륙종개는 얼마 떨어지지 않은 자갈 틈 속에 몸을 숨겼다. 둥근 눈으로 요리조리 눈치를 살피던 대륙종개는 나와 눈이 마주치곤 가만히 숨을 죽였다.

'미안, 미처 못 봤어. 앞으로는 더 잘 보고 다닐게.'

나도 몸을 낮춘 채 사과했다. 사진만 조용히 몇 장 찍고선 혹시 또 놀라게 할까봐 자갈을 멀리 둘러 걸어갔다.

인기척이 느껴지자 자갈 틈에 몸을 숨긴 대륙종개. 마음 졸였을 너에게 심심한 사과를.

내가 너에게 무서운 존재가 아니길 바라

물속에서 옮기는 발걸음 하나에도 이렇게 마음을 쓰다니… 남다른 자연덕후의 진정성이 느껴져요^^ 계곡에서 발 담글 때 이 글이 생각날 듯^^

GO잉라니

미처 생각지 못한 세심한 부분까지 생각하는 마음을 배워야겠어요. 그동안 너무 내 입장만 생각하지 않았는지 반성해보게 됩니다. 진정한 덕후의 모습에 배움을 하나 더 추가하게 됩니다.

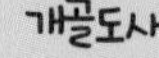

물고기의 마음으로 다가가는 모습에 놀라기도 하고, 사진을 보면서 그 마음이 느껴져서 같이 따뜻하기도 했어요~ 참! 수중에 물고기처럼 잠수하는(?) 사진도 있던데, 그 사진 참 맘에 들었습니다~~~

GO잉라니

물 위에서도, 물속에서도 항상 발밑을 잘 살피면서 다녀야겠어요… 우리가 무심코 지나가는 땅 위에 어떤 생명이 또 지나가고 있을지~ 스님들 육환장이 생각나요ㅎㅎ

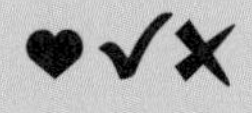

개골도사

물속에 물고기들과 만나기 위해~ 물속에서 눈높이를 낮추고 몇 시간을 기다린다는 선생님이 있으시다고!!! 처음 명라연 쌤에 대해 교수님께 전해 들었던 소개말입니다~ 고개가 끄덕여짐과 진심! 어떤 칭찬이 이보다 더 클 수 있을까요. 눈높이를 맞추고 기다려줘야 하는 건 아이들뿐만이 아닌 듯합니다~ 라연쌤에게는 아이들만큼 소중한 우리 물고기들^^

장풍이

눈맞춤을 위한 기다림~^^ 그 기다림에 답하는 대륙종개
물속에서 기다리고 있는 연구원님의 모습이 멋집니다^^

개골도사

오랜 기다림으로 찍어낸 물고기 사진일거라 생각되니 명라연 연구원의 노력이 넘 고맙고 대단합니다~^^

곤줄곤줄

유상홍 과학 커뮤니케이터

수원청개구리의 새로운 서식지가 익산에서 발견됨에 따라 가족과 함께 열심히 논에서 탐사를 하다 보니, 어느새 7년이 되었다. 현재 전라북도과학교육원 전시체험관에서 근무를 하며 새만금환경청 환경강사, 익산시 민방위 기후변화 강사를 겸하고 있다. 수원청개구리 서식지 보전을 위해 탐사를 계속하며 많은 사람들이 양서류에 관심을 갖도록 활동할 것이다.

*모든 개구리들이 겨울에 동면을 할까?

2014년 겨울. SNS를 하다가 비닐하우스에서 재배 중인 딸기 잎 사이에 청개구리 2마리가 들어가 있는 사진을 보게 되었다. 한겨울에 개구리라니… 호기심이 든 나는 후배가 농사를 짓는 비닐하우스로 향했다.

비닐하우스에 살고 있는 청개구리는 몸 색깔을 바꾸어서 얼룩덜룩 군청색 무늬를 가지고 있었으며, 연초록색 수원청개구리는 딸기 포기 사이로 숨었다 나왔다 하며 뛰고 있었다. 자세히 살펴보니 안과 밖의 기온차로 인해 하우스 안쪽으로 물이 고이는 부분이 있었는데, 그 물 속에서 헤엄도 치고 노는 것을 확인할 수 있었다. 한겨울에도 30° 이상 온도를 유지하는 비닐하우스에서 동면을 하지 않는 수원청개구리를 보면서, 수원청개구리에 대한 지속적인 연구가 이루어져야 할 필요성을 느끼게 되는 순간이었다.

한겨울의 멸종위기 야생생물 Ⅰ급 수원청개구리. 따뜻한 비닐하우스 내부는 수원청개구리들의 겨울 놀이터가 된다.

땅속에서 긴 시간을 보내고 땅 밖으로 나온 매미.
긴 기다림 끝에 드디어 매미가 되었다.

*매미가 땅을 뚫고 나오다

초저녁이었다. 매미가 흙을 밀어내며 올라오고 있었다. 오늘 저녁밥은 못 먹겠다는 예감이 들었다. 말매미가 우화를 시작하면 4~5시간은 꼼짝없이 지켜봐야 하기 때문이다. 몇 년 동안 땅속에서 지내다가 우화를 위해 흙을 뚫고 고개를 내미는 말매미 약충을 보았다. 그런데 구멍 속으로 흙을 쓸어 담으며 다시 내려간다, 또 방향을 바꾸어 올라온다. 매미가 나온 구멍을 자세히 보니, 구멍 옆에 흙이 쌓이지 않았다. 자신이 뚫은 구멍에서 나온 흙을 모조리 구멍 안으로 가져가 자신이 나온 흔적을

지우는 것 같아 보인다. 그 후 땅속에서 나오는 매미를 여러 번 보았지만, 흙을 쓸어 담아 구멍으로 가져가는 장면은 보기 어려웠다.

*두꺼비 유생으로 불을 끄다니…

익산 쌍릉 저수지는 두꺼비의 서식지이자 산란 장소이다. 저수지는 익산 시민들에게 낚시터로 인기가 있는데, 모여드는 낚시꾼들로 인해 때때로 충격적인 일이 벌어지기도 한다.

한 번은 두꺼비 알을 관찰하기 위해 저수지에 왔다가 안타까운 장면을 보게 되었다. 낚시꾼들이 모닥불을 끈 흔적과 함께 두꺼비 유생이 죽어있었다. 두꺼비 유생들이 헤엄쳐 다니는 저수지 물을 뜰 때 올챙이들이 같이 떠올려져 죽임을 당한 것이다. 낚시꾼은 까만 올챙이들이 떼로 몰려다니는 것을 보고 외래종인줄 알았다고 한다. 일반 시민이나 낚시

쌍릉 저수지의 두꺼비. 두꺼비는 물이 고인 곳에서 산란하기 때문에, 봄철에는 특히 주의를 기울여야 한다.

두꺼비 유생들로 모닥불을 끈 흔적들.
이러한 불상사가 되풀이되지 않도록 충분한 교육이 필요하다.

꾼들에게 이곳이 두꺼비 서식지임을 알리고 또한 두꺼비 유생 등을 알아볼 수 있는 교육이 꼭 필요하다. 두꺼비 산란이 시작되는 시기만이라도 낚시를 제한해야 한다.

수원청개구리 올챙이의 똥

봄부터 수원청개구리가 유난히 시끄럽게 울던 논이 있다. 5월 중순 모내기가 끝나고 보리밭이 옆에 있는 이 논에서 짝짓기를 여덟 쌍 이상 관찰했다. 6월 중순이면 어느새 모가 30cm 이상 자랐다. 야간에 헤드랜턴을 켜면 깔따구와 모기떼가 바로 달려든다. 그러나 특종을 찾기 위해 새카맣게 몰려드는 깔따구를 입에서 뱉어내며 탐사에 열중한다. 논 안

마지막 변태 과정만을 남겨둔 개체. 완전한 성체가 되기까지 얼마 남지 않았다.

꼬리가 없어진 개체. 완전한 성체가 될 때까지 모 위에서 적응기를 가진다.

수원청개구리 올챙이 똥밭. 야생에서 올챙이의 똥을 발견다니, 감격스러운 순간이다.

을 살펴보니 무엇인가 꿈틀거린다. 수원청개구리 올챙이다. 올챙이 뒷다리만 나온 개체도 있고 앞다리까지 나온 개체도 있다. 논바닥을 자세히 보니 올챙이 똥이 많이 쌓여있다. 야생에서 수원청개구리 올챙이 똥을 발견한 것은 탐사 6년 동안 처음 있는 일이었다.

수원청개구리 올챙이의 똥

기다리던 수원청개구리 올챙이 똥 사진입니다.

수청이

그 보기 어렵다는 똥!!! 똥들의 모임 속에 수원청개구리가 있는 걸까요? ㅎㅎ 저도 함께 하고 싶어지는 모임입니다.

김신혜

사진을 처음 보았을 때의 놀라웠던 기억이 아직도 생생합니다. 저걸 똥이란 걸 알아보시다니….

곤줄곤줄

똥밭의 축복이라고 하면 탐사자들은 다 이해할겁니다~!! 수원청개구리 올챙이 똥밭이라니!!! 정말 봐도봐도 신기한 대박 사진입니다!! 입으로 들어간 깔따구와 모기를 잊게 만든 감격적인 순간이었을 것 같습니다~~

GO!라니

왜~^^;; 미처 생각을 못했을까요~ 올챙이도 똥을 누어야 한다는 기본적인 사실을 사진으로 새삼스럽게 깨닫네요~

귀뚤이

수청이 올챙이 똥까지 예리하게 찾아내신 것 보면 정말 대단하셔요.

장풍이

모든 동물의 어린 개체들은 먹고, 먹고, 또 먹습니다. 이들에게 성장이 최우선이죠. 물론 포식자도 피하면서. 그래서 똥도 많이 쌀 수밖에 없죠. 그런데 저렇게 똥 무더기가 있는걸 보면 정말 수원청개구리의 올챙이가 많나 봐요!

개골도사

올챙이의 똥이 많다는 건 수원청개구리의 개체 수가 그만큼 많다는 것이겠죠!! 정말 그곳은 수원청개구리가 살기 좋은 곳인 것 같아요~ 부럽네요^^

맴맴

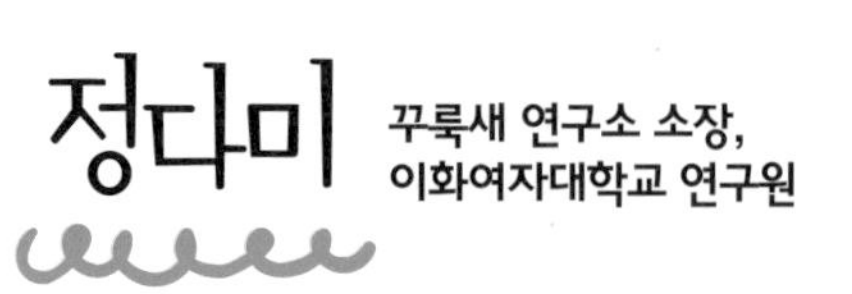

정다미

꾸룩새 연구소 소장,
이화여자대학교 연구원

*본 글의 상당 부분은 필자의 글, 『열 살 전에 완성하는 공부 독립』에서 발췌되었음을 미리 적습니다.

생명과학을 공부했다. 초록색 숲을 산책하고, 새, 곤충, 꽃, 나무, 하늘 등 자연을 관찰하는 것을 좋아한다. 지금은 이화여자대학교에서 제비를 연구하면서, 꾸룩새 연구소를 운영하고 있다. 저서로는 『어서 와, 여기는 꾸룩새 연구소야』, 『열 살 전에 완성하는 공부 독립』, 『수리부엉이, 사람에게 날아오다』가 있다.

*6년째 돌아온 제비

대학원 입학 후, 우연히 제비에게 가락지를 달았던 할머니 댁에 방문했다. "다미야 그때 네가 가락지 붙들어 맨 제비, 그 애가 지금도 와!", "에이 할머니, 설마요." 확인이 필요했다. "할머니, 오늘 밤엔 대문 잠그지 말아주세요." 그날 밤 나는 다시 할머니 댁에 방문했다. 제비를 포획해서 가락지 번호를 확인했다. 'K.P.O BOX 1184, KOREA, 010-04023' 말도 안 돼! 2008년도에 가락지를 달았던 바로 그 암컷 제비였다. 6년째 할머니 댁에 돌아온 것이다. 그 제비는 내 삶을 변화시켰다. 나는 운명처럼 제비를 연구하게 되었고, 연구 결과, 제비는 둥지 장소를 선택할 때 사람의 존재를 반드시 필요로 했다.

6년째 같은 집에 돌아와 새끼를 키우는 제비. 이 제비가 내 운명의 시작이었다.

교각 위에 앉아있던 금눈쇠올빼미.
가끔 표지판에 뚫린 작은 구멍 속에 들어가 있기도 했다.

*내 눈엔 너만 보인단 말야, 금눈쇠올빼미

파주 공릉천에 금눈쇠올빼미가 나타났다는 소식을 들었다. 반가운 소식에 한달음에 달려갔다. 차 안에서 보니 우리 차를 댄 곳 앞으로 공릉천이 흐르고, 그 반대편 교각에 새가 앉아 있었다. 내가 있는 곳에서 새가 앉아 있는 교각까지 거리가 500~600미터쯤? 나는 얼른 차에서 내렸다. 다리 위 시멘트 구조물 위에 앉아 있는 작은 새 한 마리가 눈에 들어왔다. 직감적으로 알아봤다. "와, 금눈쇠올빼미야!" 동행했던 엄마는 갸우뚱하셨지만 망원경으로 초점을 맞추었더니, 정말 금눈쇠올빼미였다. 더 가까이 보기 위해 차를 타고 이동했다. 교각 바로 옆까지 가서 금눈쇠올빼미와 눈을 맞출 수 있었다. 심지어 금눈쇠올빼미 것으로 추정되는 펠릿도 주웠다. 펠릿 속에는 온갖 종류의 곤충, 특히 땅강아지 앞다리가 많이 보였다.

*갈색양진이를 볼 수 있다면 깁스쯤이야

크리스마스 버딩을 할 때 차 문에 손을 찧고 말았다. 밤새 통증에 시달리다 다음 날 병원에 갔더니 엄지손가락에 금이 갔다고 했다. 결국 깁스를 했다. 그런데 때마침 부산 금정산에 갈색양진이가 나타났다는 소

장미빛의 아름다운 깃을 가진 갈색양진이. 아무리 먼 곳이라도 보러가지 않을 수 없다.

손에 깁스를 한 채 갈색양진이를 관찰하는 나, 그리고 갈색양진이들.

식이 들려왔다. '손가락 깁스쯤이야.' 깁스를 한 채로 쌍안경과 카메라, 도감, 해바라기 씨(『빅이어』라는 책을 보면, 갈색양진이 떼가 해바라기 씨에 모여들었다고 쓰여 있다.)를 챙겨서 산에 올랐다. 눈보라를 뚫고 정상에 도착했다. 처음엔 보이지 않았지만, 조금 기다리니 갈색양진이 10여 마리가 포르르 내가 있는 바위 쪽으로 날아왔다. 심장이 두근거렸다. 딸기와 밀크 초콜릿에 살짝 들어갔다 나온 듯한 예쁜 갈색양진이. 또 보고싶다.

아직 나와 외삼촌을 발견하기 전의 멸종위기 야생생물 Ⅱ급 뜸부기.
덕분에 다리까지 관찰할 수 있었다.

*뜸부기, 너와 나 사이의 거리 5m

외삼촌과 함께 뜸부기를 만나러 가는 중이었다. 운이 좋게도 도착하자마자 "뜸-뜸-" 하는 뜸부기 소리가 들렸다. 차를 타고 소리가 나는 쪽으로 다가가자 뜸부기가 논둑에 나와서 울고 있었다. 이마에 붉은색 액판을 가지고 있는 수컷. 그런데 그때 흰색 진돗개 한 마리가 뜸부기 쪽으로 다가오기 시작했다. 게다가 뜸부기는 진돗개를 피하려는 듯 오히려 우리 쪽으로 슬금슬금 다가왔다. 숨이 막혔다. 5m 정도 되었을까? 뒤늦게 우리를 발견한 뜸부기는 놀란 듯 그제야 황급히 날아올랐다. 경계심도

직접 그린 귀엽고 익살스러운 큰유리새, 노랑딱새, 쇠부엉이.
새를 사랑하지 않을 수 없다.

강하고 귀한 새인데 소쩍새의 행운이 깃든 걸까? 이 날 나는 처음으로 뜸부기의 긴 다리를 관찰할 수 있었고, 아직도 그 사건을 떠올리면 웃음이 난다.

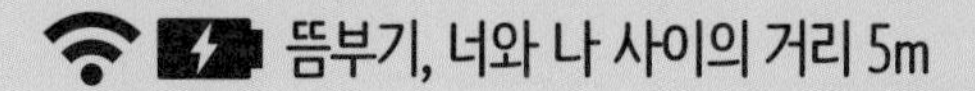

뜸부기, 너와 나 사이의 거리 5m

엄마는 뜸부기를 보면 오빠생각이란 동요가 생각난다고 해요.

엄재윤

ㅎㅎ 맞아, 나도 그 동요 아는데 재윤이는 모르니? 이게 바로 세대차이(…)

정다미

그 동요는!!! 제가 어릴 때 자기 전 아빠의 등에 업혀서 들은 노래~~!!!! 어릴 때 생각이 납니다. ㅎㅎ 그러고 보니 정말 동요 속에 나오는 새를 볼 수가 있다니!!! 저도 뜸부기와의 만남을 갖고 싶습니다~ 만나면 좀 떨릴 것 같아요 ㅎㅎ

김신혜

그랬어? 귀엽다! 동물들은 동요나 고전문학 속에도 많이 나오더라! 닭, 토끼 등등. "뜸북 뜸북 뜸북새"는 정말 논에서 울었어ㅎㅎ 우리 동네에도 해마다 보였는데 작년부턴 안보여서 넘 슬퍼ㅠㅠ

정다미

추억의 동요… 따오기도 있지 않나요? "보일듯이 보일듯이 보이지 않는"으로 시작하는 동요요~~

이원재

뜸부기가 얼마나 화들짝 놀랐을까요? ㅎㅎㅎ 숨 막히는 순간과 놀란 뜸부기~ 상상이 막 되네요~~~

곤줄곤줄

아마엘 볼체

이화여자대학교
행동생태실험실 연구원

어린 시절 어디를 가나 대자연이 있는 아프리카의 마다가스카르 섬에서 자랐다. 나는 항상 카멜레온을 쫓아다녔고, 이때부터 자연에 대한 호기심이 시작되었다. 10년 전에 기르던 뱀에게 먹이로 줄 개구리를 찾고 있었고, 정말 예쁜 개구리를 발견했다. 그때부터 개구리에 대한 나의 관심이 시작되었다. 안타깝게도 그 뱀도 그 개구리에게 매우 관심이 있었다.

*석양의 논 풍경

나는 지난 4년간 봄철과 이른 여름 대부분의 시간을 논에서 보내면서 논의 아름다움과 가치를 생각해 보았다. 대부분의 사람들은 논을 식사의 근원 정도로 생각하지만 논은 이보다 훨씬 중요한 역할을 한다.

바로 논은 아주 많은 종의 대체 습지이다. 우리나라 해안지역에 있는 대부분의 자연 습지는 이미 사라졌다. 현재 습지에서 발견되는 생물 대부분은 논 습지에 적응해 왔다. 만약 논 습지가 사라질 경우 이들의 생존도 보장할 수 없다.

논을 비추는 붉은 노을. 어둠이 찾아오면 밤 생물들이 활동을 시작한다.

*수원청개구리 올챙이의 클로즈업

우리 실험실은 멸종위기에 처한 수원청개구리를 보전하기 위해 경기도 수원시 일월저수지에 재도입 프로그램을 진행시켰다. 나는 포접하고 있는 수원청개구리 5쌍에서 약 3,000개의 알을 받아 부화시켰다. 이들 대부분은 올챙이로 부화하였고 결국 어린 수원청개구리가 되었다. 수원청개구리 올챙이는 다른 청개구리 올챙이와 비슷하여 구별하기 어려운데, 수원청개구리 올챙이는 살짝 붉은색이 돈다. 안타깝게도 이러한 색의 차이로 야외에서 수원청개구리 올챙이를 확실하게 식별하는 것은 어렵다.

붉은빛이 도는 멸종위기 야생생물 I급 수원청개구리 올챙이.
이렇게 가까이 들여다보지 않으면 구분하기 어렵다.

수면 위에 펼쳐진 멸종위기 야생생물 Ⅱ급 맹꽁이 알들.
부화 속도가 빨라 하루 정도가 지나면 유생이 된다.

*수면에 둥둥 떠 있는 알을 낳는 맹꽁이

많은 양서류 알은 아주 비슷한데 젤리와 같은 물질에 의해 둘러싸여 있다. 그러나 거품 둥지처럼 전형적인 양서류 알 구조와 차이가 있는 것도 있고, 심지어 전형적인 양서류 알에도 변이가 있다. 예를 들면, 맹꽁이의 알들은 수면에 단층으로 떠있다. 그래서 카펫을 깔아 놓은 것처럼 얇은 막을 형성한다. 이런 특징은 맹꽁이과 개구리의 공통적인 특징이다. 그래서 우리나라에서 유일하게 수면에 둥둥 떠 있는 알을 가진 양서류 종은 맹꽁이다.

*나를 잡아먹지 못할 걸, 나는 너에게는 너무 커!

양서류는 일반적으로 살집이 많고 부드럽기 때문에 많은 동물들의 간식거리이다. 그래서 개구리는 포식자에 대한 방어행동의 하나로 몸 크기를 부풀려 크게 보이게 할 수 있다. 몸집이 크면 더 위협적으로 보이고, 쉽게 삼킬 수 없어 보인다. 지금 이 청개구리는 나에게 이런 위협행동을 했는데 아주 효과적이었다. 내가 위협을 느끼고 물러섰다.

몸을 부풀려 나를 위협하는 청개구리. 청개구리에겐 나도 포식자에 불과하다.

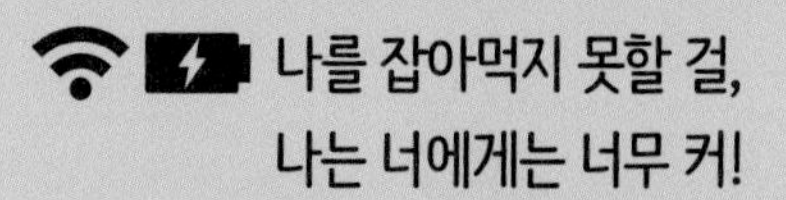

나를 잡아먹지 못할 걸, 나는 너에게는 너무 커!

ㅋㅋㅋ 더 조그만 수원청개구리한테도 꼼짝 못하시더니~

곤줄곤줄

위협적이라기보다는 너무 귀여운 것 같아요~~

장풍이

ㅋㅋㅋ 개구리가 가만히 있었으면 잡아먹을 생각이셨나요?(농담)

박정우

가끔… ㅋㅋㅋ(농담)

Amael Borzee

위협의 느낌이 어떠셨나요? ㅎㅎ 용감한 개구리네요 ㅎㅎ

GO라니

청개구리가 작아도 갑자기 저렇게 위협을 한다면 순간 우리도 놀랄 수 있을 것 같아요. 순간반응^^ 하지만 넘 귀여워서… 피식^^

맴맴

임봉희

꾸룩새 연구소 부소장

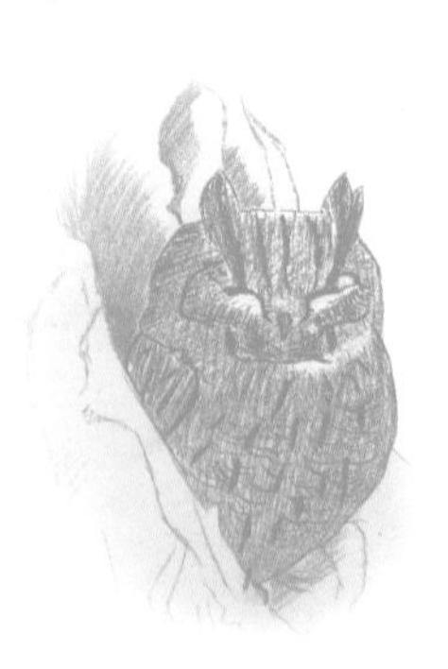

뒤뜰에 옹달샘, 인공둥지, 먹이대를 만들어 새와 함께 살아가는 버드워쳐(Bird watcher). 7년 전 '꾸룩새 연구소'를 열어 자연을 관찰하고, 환경교육을 진행하며 세상의 자연덕후들을 만나고 있다. 오래도록 정다미 소장과 함께 으아리 꽃향기를 맡으며 꾸룩새 연구소 정원에서 아름답게 살아가고 싶다.

*엉터리 거짓 보고서의 결말

2년 전 파주의 수리부엉이 서식지가 개발 위기에 처해 있었다. 개발을 정당화하려는 보고서에는 천연기념물 수리부엉이가 서식한다는 사실이 누락되었다. 우리는 2005년부터 수리부엉이 먹이사슬의 단서인 펠릿, 먹이잔존물과 이들의 행동을 관찰하고 기록한 탐조 자료들을 모았고, 이 자료를 근거로 수리부엉이 번식지임을 입증해 보였다. 어떤 이는 집요하고 일관된 우리의 행동을 '계란으로 바위치기'라며 뜻을 굽힐 것을 종용했다. 마침내 수백 억 원(약 230억 원)이 든다는 이 계획은 마침표를 찍게 되었다. 수리부엉이 탐조 기록이 빛을 발한 결과였다!

여러분 꼭 기록하세요! 그리고 우리 모두 침묵하지 않는 자연덕후가 됩시다!

파주 법흥리 마을의 멸종위기 야생생물 Ⅱ급 수리부엉이. 하마터면 집을 잃을 뻔 했다.

✱'곤충호텔' 놀라운 곤충의 기생 세계

고목을 쌓아 리사이클링, 업사이틀링 집, 곤충호텔. 벌레들의 폭염, 한파 대피소로 생각했지만 곤충호텔 주변에 수십 종의 기생벌이 모여든다. 기생에 기생을 하는 곤충들은 천적방어를 위해 산란방을 선택하고 자연에 순응한다. 알을 낳은 산란방에 애벌레를 넣고 빛의 속도로 구멍을 메워야 기생을 피할 수 있다. 청벌은 큰호리병벌 산란방에 기생하기 위해 호시탐탐 기회를 엿보고 있다. 송진, 지푸라기, 진흙, 잎사귀로 산란방 입구를 꽁꽁 봉해 놓는다. 이런 재료는 어떻게 알고 구해 오는지 참 신기하다. 자신의 몸길이의 수십 배가 되는 기다란 지푸라기를 물고 조롱박벌이 나타났다. 이제부터 또 다시 힘겨운 집짓기가 시작된다. 단단한 턱과 다리, 양 날개가 다 닳기 전에 부지런히!

✱때죽나무 없인 못살아

다다다다~ 다다다다~ 곤줄박이 부부가 때죽나무에 앉아 열매를 쪼아댄다. 바닥에 떨어진 때죽나무 열매는 곤줄박이의 겨울철 식량이다. 초여름 때죽나무 꽃은 하나둘 피기 시작해서 어느새 땅바닥을 향해 대롱대롱 매달려있다.

꽃잎이 희고 암술과 수술은 노랗게 삐죽 솟아있다. 때죽나무 꽃이 피기 시작하면 수많은 꿀벌이 날아와 수분 받이를 한다. 꽃향기가 온 마당에 흩뿌린다.

곤충호텔의 또 다른 침략자, 청벌. 호시탐탐 기회를 노린다.

첫 꽃봉오리를 터트린 때죽나무 꽃에 찾아온 어리호박벌.
곧 꿀벌들도 모여들 것이다.

때죽나무의 꽃과 열매는 그 어느 것도 버릴 게 없다. 꿀벌이 윙윙거릴 때마다 꽃술을 간지럽힌다. 꽃이 지고 나면 암술만 남아 열매로 변한다. 초록 과육에 싸여있던 동그란 열매는 갈색으로 변하면서 익어 가는데, 누가 뭐래도 이 열매는 곤줄박이에게 세젤맛!

*뒤뜰 옹달샘 '첨벙첨벙 물의 정원'

뒤뜰에 옹달샘을 만든 지 12년. 세상에! 폭 70cm, 깊이 5cm 남짓한 작은 옹달샘에 진홍가슴, 울새, 밀화부리 등 이름만 들어도 흥분되는 멋진 새가 날아온다. 지금까지 <뒤뜰 옹달샘을 찾는 새> 노트에 68종이 기록되었다. 요리를 하면서, 식사를 하면서 첨벙첨벙 물의 정원에서 목욕하는 새들의 모습을 볼 수 있다. 이제는 설거지를 하며 힐끗힐끗 옹달샘

'첨벙첨벙 물의 정원'. 더 많은 새들이 모여들기를.

을 보는 버릇이 생겼다. 겨울철새 홍여새, 황여새가 떼로 날아와 목욕하고, 한여름 연잎 아래 두꺼비가 머리를 빼꼼 내민 모습은 정말 아름다운 광경이었다.

오랫동안 정성을 들인 덕분일까요? 새들이 날아와 뿌린 씨앗은 옹달샘 주변을 작은 숲으로 만들어 가고 있어요. 뒤뜰 옹달샘은 야생생물의 오아시스!

30여 마리의 대규모 군단을 이끌고 첨벙첨벙 물의 정원에 날아든 홍여새.

꾀꼬리에 버금가는 명가수 되지빠귀.

뒤뜰 옹달샘 '첨벙첨벙 물의 정원'

정말 정말 탐나는 옹달샘입니다~ 시골로 이사 가자더니 꾸룩새 연구소 마당에서 조그만 텐트 쳐놓고 한밤만 캠프하고 싶다고 합니다^^ 현실을 깨달았나 봅니다. ㅋㅋㅋ

곤줄곤줄

꾸룩새 연구소에서의 캠프 생각만 해도 미소가 번지네요. 정말 재밌겠어요.

장풍이

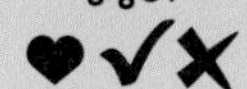

텐트 칠 평상이 기다리고 있습니다^^ 뷩이가 마실 올지 몰라요. ㅎㅎ

Bong-Hee Lim

옹달샘에 놀러온 새 친구들 사진도 보여주세요~~^^ 넘넘 궁금합니다~~

GO잉라니

멋진 친구들이 너무 많아서 누구부터 소개해야할지 모르겠어요^^ 대표적인 여름철새 중에서 화려한 깃털을 가진 흰눈썹황금새 수컷을 소개합니다.

Bong-Hee Lim

처음 만나는 새예요~! 정말 새를 볼 때마다 너무 신기합니다. 정말 붓으로 그려놓은 거 같은 저 색들~!! 옹달샘에 꼭 놀러가고 싶어요~~

GO잉라니

옹달샘이 있어서 새들에게는 천국이겠어요~

맴맴

맞습니다. 새들을 위해 만든 옹달샘인데 일상의 행복을 발견하는 공간이 되었습니다^^

Bong-Hee Lim

그럼 옹달샘은 새들의 천국, 우리들에겐 행복을 주는 힐링의 공간이군요! 정말~ 멋진 곳입니다.

맴맴

배윤혁 이화여자대학교 행동생태실험실 연구원

장이권 교수님의 제안으로 시작하여, 현재 이화여자대학교 행동생태실험실에서 우리나라 남학생의 계보를 잇고 있다. 실험실에서 청개구리와 매미 등의 생물과 인연이 되어 연구를 위해 전국을 돌아다니고 있으며, 최근에는 우리나라뿐만 아니라 중국, 일본 등 해외에서도 양서류와 매미를 연구하고 있다.

*15만 원짜리 수원청개구리 사진

이화여대 행동생태실험실에서는 매년 수원청개구리 모니터링을 한다. 여느 때와 마찬가지로 실험실에 소속된 외국인 친구들과 수원청개구리 모니터링을 갔다. 우리가 간 곳에서는 어렵지 않게 모를 잡고 노래하는 수원청개구리들을 만날 수 있었다. 수원청개구리가 노래하는 모습을 논둑 근처에서 보는 것은 운이 매우 좋아야 한다. 나는 운 좋게 논둑 근처에 모를 잡고 노래하는 수원청개구리를 봤으며 좋은 자리에서 사진을 찍을 수 있었다. 사진을 찍고 나서 내 실수로 사진기를 그만 물에 빠뜨리고 말았다. 수원청개구리 사진을 마지막으로 더 이상 사진을 찍을 수가 없었다. 물에 빠진 사진기를 고치기 위해 15만 원을 썼다. 이 수원청개구리 사진은 내가 찍은 사진 중 가장 비싼 사진이 되었다.

논둑 근처에서 겁 없이 노래하던 수원청개구리. 이날의 마지막 사진이 되었다.

*그리운 대마도의 여름 소리

무더운 여름날 나는 대마도로 매미 연구를 위해 떠났었다. 돌아가신 조복성 박사님의 곤충기에서는 곰매미가 나온다. 그러나 곰매미는 우리나라에서 볼 수 없는 종으로, 대마도와 일본에서만 볼 수 있다. 나는 대마도의 여름 소리인 곰매미 소리를 들으면서 매일 아침을 맞이하였다. 책에서만 보며 언젠가 보게 되길 꿈꿔왔던 매미를 하루 종일 볼 수 있다는 것은 가슴 설레는 일이었고, 새하얀 눈처럼 하얀 배를 가진 정말 아름다운 매미를 연구할 수 있다는 것은 엄청난 행운이었다. 연구를 마치고 돌아올 시기가 다가올 때 태풍에 의해 대마도에 갇혀 한국으로 돌아오지 못할 뻔 하기도 했다. 그때는 누구보다 대마도에서 나가고 싶었다. 그런데 시간이 지난 지금 나는 대마도를 추억하며 매일매일 듣던 대마도의 여름 소리를 그리워한다.

매일 아침마다 노래하는 곰매미. 지금도 사진을 보며 곰매미의 합창을 추억한다.

풀 속에서 발견한 세모배매미. 이 작은 몸을 찾기가 여간 어려운 일이 아니었다.

*들릴락 말락 세모배매미의 위대한 노래

이화여대 행동생태실험실의 연구를 위해 나는 우리나라 매미 전 종을 직접 채집해야 했고, 나는 채집단짝인 지만이와 긴 여정을 떠났다. 여러 매미 중 세모배매미가 채집하기 가장 어려웠다. 다른 매미들과 달리 이른 아침에 우화하고, 암컷의 경우 아침에 풀밭에 내려와 산란하는 독특한 생태를 갖고 있다. 세모배매미는 매미로서는 작은 크기이고 산 중턱 풀밭에 서식한다. 우리는 강원도 평창 어느 산 속에 3일 동안 매일 새벽부터 밤까지 매미를 찾아다녔다. 제대로 음식도 먹지 못하고, 말벌집을 피해 다녀야 했다. 지잉~지직, 지잉~지직. 사방에서 세모배매미 소

세모배매미 탈피각.
세모배매미는 작은 몸을 갖고 있지만 14kHz 내외의 고음을 낼 수 있다.

리가 들려오지만, 어디에 있는지 알 수가 없었다. 마지막 날 포기의 기로에 놓여있을 때 풀밭에 무엇인가가 내 눈에 들어왔다. 바로 세모배매미였다. 풀 속에서 작은 몸으로 그 누구보다 위대한 노래를 하고 있었다.

*3선 슬리퍼 전설의 시작

2016년 나는 그 당시 캐나다에 계셨던 강창구 박사님(지금은 목포대학교 교수님)의 연구를 도와 제주도에서 무당개구리 포식·피식 실험을 하였다. 본토에 있는 무당개구리는 전반적으로 밝은 색을 띠는데 비해 제주도에 있는 무당개구리는 어두운 색을 보인다. 이러한 차이가 무

전설의 시작 빨간색 3선 슬리퍼(위).
포식·피식 실험을 진행했는데, 무당개구리 모형이 공격 당했다(아래).

당개구리에 작용하는 포식압(잡아먹혀 개체 수가 감소하는 일)의 차이라는 가설을 세우고 실험을 하였다. 먼저 찰흙으로 무당개구리 모형을 만들어 색칠을 하고, 무당개구리의 서식지에 뿌려 놓았다. 그 결과 제주도에서는 약 20%의 모형이 포식자의 공격을 받았는데, 본토에서는 공격을 받을 확률이 1% 정도였다. 이런 포식압의 차이가 본토와 제주도 무당개구리의 체색과 행동에 차이를 유발하는 것 같다. 이 당시 나는 늘 3선 슬리퍼를 신고 돌아다녔는데 이때부터 나의 3선 슬리퍼 전설이 시작되었다.

3선 슬리퍼 전설의 시작

무당개구리보다 삼선 슬리퍼가 먼저 눈에 띄는 것은 나에게 저 모습이 너무 익숙한 탓.

GO!라니

산에서 볼 때마다 미끄러질까봐 조마조마~~ 그런데 익숙해졌는지 중심잡고 참 잘 신고 다니더라고요~~ㅎㅎ

개골도사

한 몸인 듯~ 저렇게 해서 멋진 자연덕후가 되었나봅니다.

GO!라니

중앙일보에 나왔던 다음 글이 시작이었죠. "삼선 슬리퍼는 어떻게 국민 슬리퍼가 되었나, 덥든 춥든 삼선슬리퍼를 신는다"

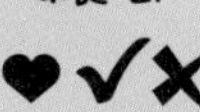

개골도사

삼선 슬리퍼의 소개를 윤혁 연구원이 스타트를 시작할 줄이야~~ 삼선의 역사가 이때 시작되었군요~~ 아이가 배 연구원 슬리퍼를 보고 사달라 졸라서 집에 모셔놓은 슬리퍼가 있어요. 옆구리 삼선이라고ㅎㅎㅎ 아이들에게 삼선도 개성별로 진화하네요. ㅎㅎ

장풍이

배 연구원의 삼선 슬리퍼를 신고 탐사하는 모습에 자기도 탐사 때 신고 다닐 거라며… 떼쓰네요….

개골도사

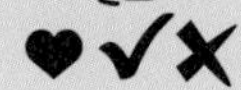

다 같이 슬리퍼 신고 GO GO합시다.

곤줄곤줄

오흥범

저어새 작은학교 선생님

저어새네트워크(가톨릭환경연대, 인천녹색연합, 인천환경운동연합, 약손을가진사람들, 저어새섬사람들, 환경과생명을지키는인천교사모임)에서 저어새와 습지 그리고 생물다양성의 보전 및 인식 증진을 위한 활동을 하고 있다. 또한 인천 및 시흥 등의 지역에 있는 저어새를 좋아하고 탐조를 즐기는 저어새 작은학교 선생님이다.

*저어새를 찾아 나는 걷는다

2018년 10월 초, 오늘도 어미 없이 혼자 먹이활동을 하는 저어새를 발견했다. 어느덧 11월 많은 저어새들이 월동지로 이동을 했고, 겨울철새들이 벌써 꽤 많이 왔다. 그런데 이 어린 저어새는 월동지로 갈 생각이 없는 것 같아 점점 걱정이 늘어간다. 12월 9일, 영하의 추운 날 저어새가 한 마리도 안보여서, 모두 월동지로 갔다고 생각했다. 그 순간 저어새 4마리가 소래갯골 방향으로 날아올랐다. 멸종위기 야생생물 Ⅱ급 노랑부리저어새다! 마지막으로 날아가는 녀석은 아무리 봐도 10월부터 봐왔던 어린 저어새 같다. 나는 10월에 만난 어린 저어새를 찾기 위해서 매일 13-20km를 필드스코프와 카메라를 들고 걷고 뛰었다. 이 어린 저어새는 다른 무리와 같이 다니지 않고, 항상 혼자 먹이활동을 하고 있다. 제

먹이활동에서 매번 실수를 하는 어린 저어새. 어미 없이 혼자 애쓰는 모습이 안쓰럽다.

멸종위기 야생생물 Ⅱ급인 노랑부리저어새 무리 사이에 끼어있는 어린 저어새.
어쩌다 다른 무리와 함께 하게 되었을까.

천연기념물 제205-1호, 멸종위기 야생생물 Ⅰ급으로 지정되어 있는 저어새.
대부분의 저어새 고향은 우리나라 서해안 갯벌이다.

발 건강하길! 이제 혹한이 오는데 꼭 살아남아라! 어린 저어새를 보며 혼자 주절주절 많은 주문을 했다.

*어린 저어새가 겨울을 잘 나길!

2018년 12월 31일, 인천 여러 지역을 돌며 광역 모니터링을 하고 있었다. 난 사실 10월에 만난 어린 저어새가 궁금해 다른 새들은 안중에도 없었다. 포기하고 혹부리 오리 개체 수를 세기 위해 자리를 옮기는데, 이 어린 저어새가 쉬고 있다가 나의 인기척에 놀라 날았다. 그냥 눈물만 난다. '고맙다 이 녀석아! 추운 날씨에 살아있어줘서.' 하며 안도의 한

노랑부리저어새와 함께 날아가는 어린 저어새.
봄에 오는 철새인 저어새와 겨울철새인 노랑부리저어새가 함께 있는 신기한 광경이다.

추운 날씨에 노랑부리저어새와 의지하며
잘 지내고 있는 저어새의 모습을 보게 되어 한시름 놓았다.

숨을 쉬며 이 소중한 아이를 기록하고자 카메라를 들었다. 그리고 필드 스코프로 이 어린 저어새의 곳곳을 살펴봤다. 많이 수척해지고, 정말 꼬질꼬질해졌다. 깃털에 윤이 안 나고, 다리가 어딘지 모르게 불편해 보인다. 노랑부리저어새 3마리와 같이 다녔는데, 지금은 어린 노랑부리저어새 한 마리만 보인다. 제발 이 겨울을 잘 나길 바라고 건강하기 바랄 뿐이다.

*잘 살아줘서 고맙다! K95

한낮 기온이 30도를 넘어 가만히 있어도 땀이 줄줄 나지만, 저어새를 발견한 나는 무거운 장비를 짊어지고 뛴다. 거의 다 왔어! 조심스럽게 필드 스코프에 눈을 대지만, 내가 보는 걸 허락하지 않는 것인지 동쪽 끝

다시 반대편으로 날아가는 저어새들.
이 저어새의 가락지를 확인하기 위해 뛰어 왔건만, 야속하다.

고잔갯벌에서 만난 K95. 3개월간 찾아 헤매느라 나를 고생시킨 장본인이다.
잠에서 깨는 모습도 깃을 다듬는 모습도 너무 사랑스럽다.

으로 날아간다. 다시 뛴다. 온 몸이 땀이다. 숨이 컥! 컥! 막혀 오지만 난 오늘은 기필코 이 저어새의 가락지를 확인하고 싶다. 이제 거의 다 왔다. 이 거리면 가락지 번호를 볼 수 있겠다 싶어 필드스코프에 눈을 댄다. 앗! 어디 갔어? 내 머리 위를 지나 저어새는 고잔갯벌 방향으로 날아간다. 분명히 적색 가락지를 확인했고, 다른 쪽 다리에 청색과 노란색은 봤다. 이 날은 이 저어새를 다시 보지 못했지만, 2주 후에 고잔갯벌에서 다시 만나 가락지를 확인할 수 있었다. K95! 지난 3개월 간 뛰어다닌 것에 대한 보답인지 모르지만 뭉클한 감동이 밀려오는 순간이었다!

잘 살아줘서 고맙다! K95

선생님 K95가 어떤 저어새인데 가락지를 확인하시는 거예요? 뭔가 사연이 있을 것 같아서 여쭤봅니다.

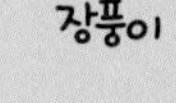

장풍이

오흥범

2010년 남동유수지 저어새 섬에서 태어난 아이입니다. 저어새 섬에서 태어난 아이들이 어디에서 월동을 하는지 이동경로를 알고 저어새의 귀소성을 확인하기 위해 가락지를 채웠습니다. K95는 2010년 세계적으로 유명한 K94와 같이 태어났고 태어난 이후 계속 남동유수지를 찾아 번식을 하고 월동지로 가는 아이입니다. 가락지마다 다 사연이 있습니다. 자세한 내용은 저어새네트워크 카페에 있습니다.

아~그렇군요. 사연을 듣고 보니 저어새가 더 특별하게 다가옵니다~ 왜? 선생님께서 힘들게 찾아다니시는지 이해하게 되었습니다.

장풍이

곤줄곤줄

저어새의 얘기를 듣고 보니 국경 없는 동물들의 생활터전이라는 말이 실감납니다. 우리 쪽 터전도 빨리 좋아지기를 바랍니다.

가락지의 힘! 정말 대단한 사실입니다!! 저어새가 건강히 겨울을 보내길 바라는 선생님의 마음이 이해가 갑니다~~

GO!라니

맴맴

K95 저어새의 사연을 알고 저어새의 사진을 보니 더 특별하게 와 닿습니다. 가락지가 가지는 의미는 중요하네요. 기록되어지고 계속 관찰할 수 있다는 것에… 올 겨울에 건강하게 지내기를 바라며~~ 올해도 좋은 소식 기다릴게요^^

와우~^^ 번호이긴 하지만 각각의 저어새마다 역사의 번호인 거군요! 멋져요~~ 동쪽 끝에서 반대쪽으로~ 힘들게 뛰면서라도 꼭 K95를 만나시려는 마음이 느껴집니다~ "살아줘서 고맙다."라는 말에 공연히 코끝이 찡해지네요~ 저어새와 선생님의 이심전심!

귀뚤이

장이권

이화여자대학교 자연사박물관 관장,
생명과학과/에코과학부 교수

진화적인 관점으로 동물의 행동과 생태를 연구하고 있으며, 특히 소리를 이용하여 의사소통하는 곤충, 개구리, 새 등에 관심이 있다. 2012년부터 시민과학에 의존하며 생태학 연구를 수행하고 있다. 호기심이 있는 학생들을 만나고, 이들이 한 걸음씩 자연에 빠져들 때 큰 기쁨을 느낀다. 현재 이화여자대학교 교수이며, 시민과학 지구사랑탐사대 대장이다.

✱세상에서 가장 용감한 귀뚜라미

인디애나대학교에서 연구할 때 귀뚜라미를 녹음하러 미국 조지아 주의 한 공원에 갔다. 해가 넘어간 뒤이고 숲속이라 한치 앞을 내다볼 수 없었다. 귀뚜라미의 노래는 여기저기 들리지만 이들에 가까이 접근해서 녹음하는 일은 쉽지 않았다. 귀뚜라미 수컷은 나와 같은 잠재적 포식자가 찾지 못하도록 지면에 있는 틈이나 낙엽 밑에서 주로 노래하기 때문이다. 그런데 한 귀뚜라미의 노래가 유난히도 우렁차게 들려왔다. 가까이 다가가보니 이놈은 내 어깨 높이의 나무줄기에서 노래하고 있었다. 이렇게 높은 위치에서 노래하면 소리가 멀리 전달되어 암컷을 유인하기에 유리하다. 그러나 동시에 포식자에게 발각되기도 쉬울 것이다. 목숨보다 사랑을 더 중요하게 여기는 세상에서 가장 용감한 귀뚜라미였다.

사랑을 위해 노래하는 귀뚜라미. 사랑을 위해 목숨을 거는 용기가 멋있다.

교실 난간에서 뛰어내린 멸종위기 야생생물 Ⅱ급의 수리부엉이 새끼.
자연절벽이 사라진 오늘날 수리부엉이는 교실 난간에서 새로운 보금자리를 찾았다.

*교실 난간에서 뛰어내린 새끼 수리부엉이

2018년 한 방송사에 제보된 동영상을 보고 난 믿을 수가 없었다. 새끼 수리부엉이 두 마리가 교실 난간에서 자라고 있었다. 방송국 촬영 팀과 나는 그 곳으로 촬영을 하러 갔는데, 잠시 자리를 비운 사이 새끼 한 마리가 난간에서 뛰어내렸다. 우리는 급히 달려갔고, 새끼는 건물과 연결된 간이지붕 끝에 앉아 있었다. 주위에는 부모 수리부엉이가 애타게 소리를 지르면서 지켜보고 있었다. 다행히 119 구조대가 와서 새끼를 구조했고, 몇 주 후 새끼들은 무사히 이소했다. 이 사건을 보면서 나는 부모 수리부엉이가 학교 건물에서 최적의 위치에 둥지를 지었음을 깨달았다. 숲과 인접하였고, 새끼가 뛰어내리기 좋은 장소였다. 그 안에서 살아가는 동물들의 놀라운 적응력을 보여준 사건이었다.

*귀엽고도 슬픈 수원청개구리의 노래 행동

논 한가운데서 모를 잡고 노래하는 수원청개구리의 행동은, 귀엽고 독특하여 우리에게도 잘 알려진 행동이자 가장 중요한 특징이다. 수원청개구리의 경쟁자는 청개구리이다. 논둑은 암컷이 지나가는 길목이고, 앉아서 노래할 수 있는 지지대가 있다. 그래서 수적으로 우세한 청개구리는 논둑에서 자리를 잡고 우렁차게 노래한다. 수원청개구리도 논둑에서 노래하고 싶어 한다. 그래서 노래하는 청개구리를 제거하면 논둑으로 이동한다. 그러나 청개구리가 논둑에서 자리를 잡고 노래하면

수원청개구리의 숨겨진 비애. 청개구리에게 밀려 모를 잡고 노래할 수 밖에 없다.

수원청개구리는 지지대가 없는 논 안쪽으로 이동하여 어쩔 수 없이 모를 잡고 올라가서 노래할 수밖에 없다. 모를 잡고 노래하는 귀여운 행동은 청개구리에 밀려 논 안에서 노래할 수밖에 없는 수원청개구리의 비참한 현실을 그대로 드러낸다.

*끈끈이로 괴로워하는 딱새

작년에 충북 괴산군의 여우숲을 찾았다. 도착한 지 얼마 지나지 않아 어떤 학생이 딱새를 들고 나타났다. 끈끈이로 깃털이 뒤범벅되어 다시 날 수 없어 보였다. 모두 나를 쳐다보았지만 나도 뾰족한 수는 없었다.

날지 못해 죽어가는 딱새. 끈끈이로 온몸이 뒤덮였다.

그때 새를 잘 아는 지인들이 생각났고, 카톡으로 위급함을 알렸다. 지인들이 알려주는 대로 미지근한 물에 식용유를 풀어서 딱새를 씻겨주기 시작했다. 날개 깃털이 하나씩 분리되었다. 이윽고 끈끈이를 완전히 제거하자 활짝 펴지는 날개를 보고 탄성을 질렀다. 다음에는 드라이기로 말끔하게 말렸다. 나는 오늘 산 꿀병을 개봉하여 꿀물을 만들어 주었다. 딱새는 맛있게 꿀물을 먹기 시작했다. 우리가 잠시 자리를 비운 사이 딱새는 종이상자의 손잡이 틈을 통해 자연으로 돌아갔다. 비록 마지막을 보지 못해 아쉬웠지만 나는 이 새가 스스로 날아갔다는 사실에 무한히 기뻤다.

사람의 손길로 다시 날개를 되찾은 딱새. 또 다시 위험에 처하는 일이 없기를.

끈끈이로 괴로워하는 딱새

딱새 구조기! 정말 감동적입니다. 딱새도 꿀물 먹고 기운을 차리는 군요… 생명은 조금씩 닮은 게 맞나 봅니다.

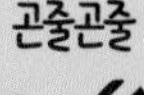

미지근한 물에 식용유를 풀어서 끈끈이를 제거하니 날개가 활짝 펴졌다는 게 정말 감동입니다. 새가 스스로 날아갔다니 정말 다행이요~

옹라니

저녁을 먹으러 가기 전에 잠시 종이상자에 넣어두었어요. 종이상자가 30~40cm 높이였고 그 윗부분에 손잡이 틈이 있었어요. 그 틈도 막을까 하다가 거기로 도망갈 수 있다면 야생에 돌아가는 게 맞다고 생각했어요. 저녁 먹고 돌아오니 이미 날아가 버렸어요. 그래서 잘 회복되었구나, 생각했지요.

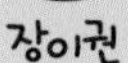

딱새를 살릴 수 있었다는 것에 감동입니다. 모르면 그냥 지켜볼 수밖에 없는데 지인을 통해서 저렇게 할 수 있는 것에 감사할 뿐입니다.

맴맴

딱새를~ 자연을 사랑하는 마음이 사진마다 절절이 느껴지네요~ 자연의 아름다운 모습뿐만 아니라 우리가 감싸 안아야 할 모습인 거 같아 따뜻한 마음이 듭니다.

귀뚤이

그 순간 할 수 있는 모든 것을 하셨네요. 정말 감동이 밀려옵니다. 생명에 대한 마음가짐을 배우게 됩니다. 딱새가 건강히 잘 살고 있기를 바랄 뿐입니다.

장풍이

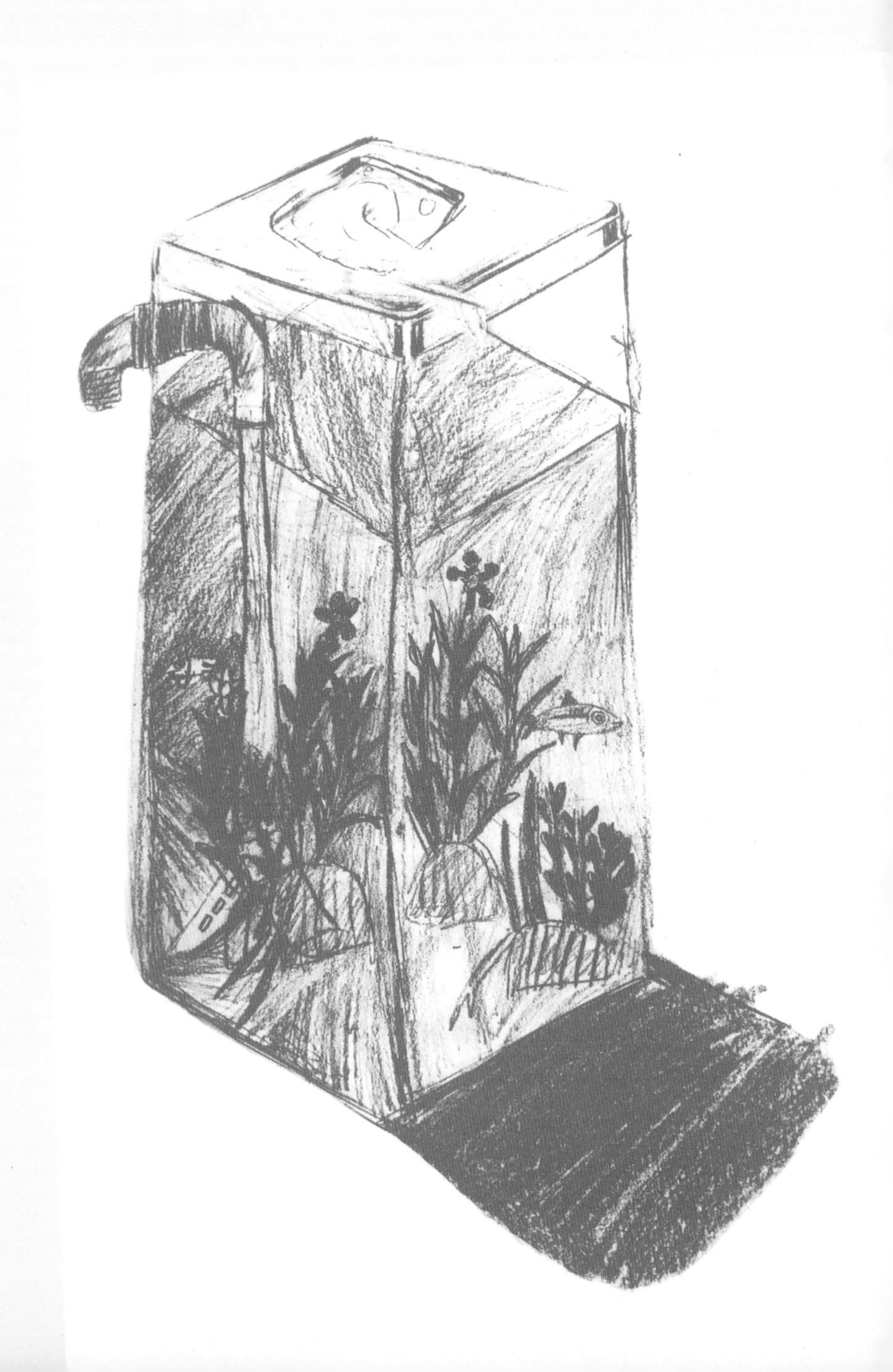

에필로그

자연을 따라가다

자연덕후를 키우는 엄마들의 이야기

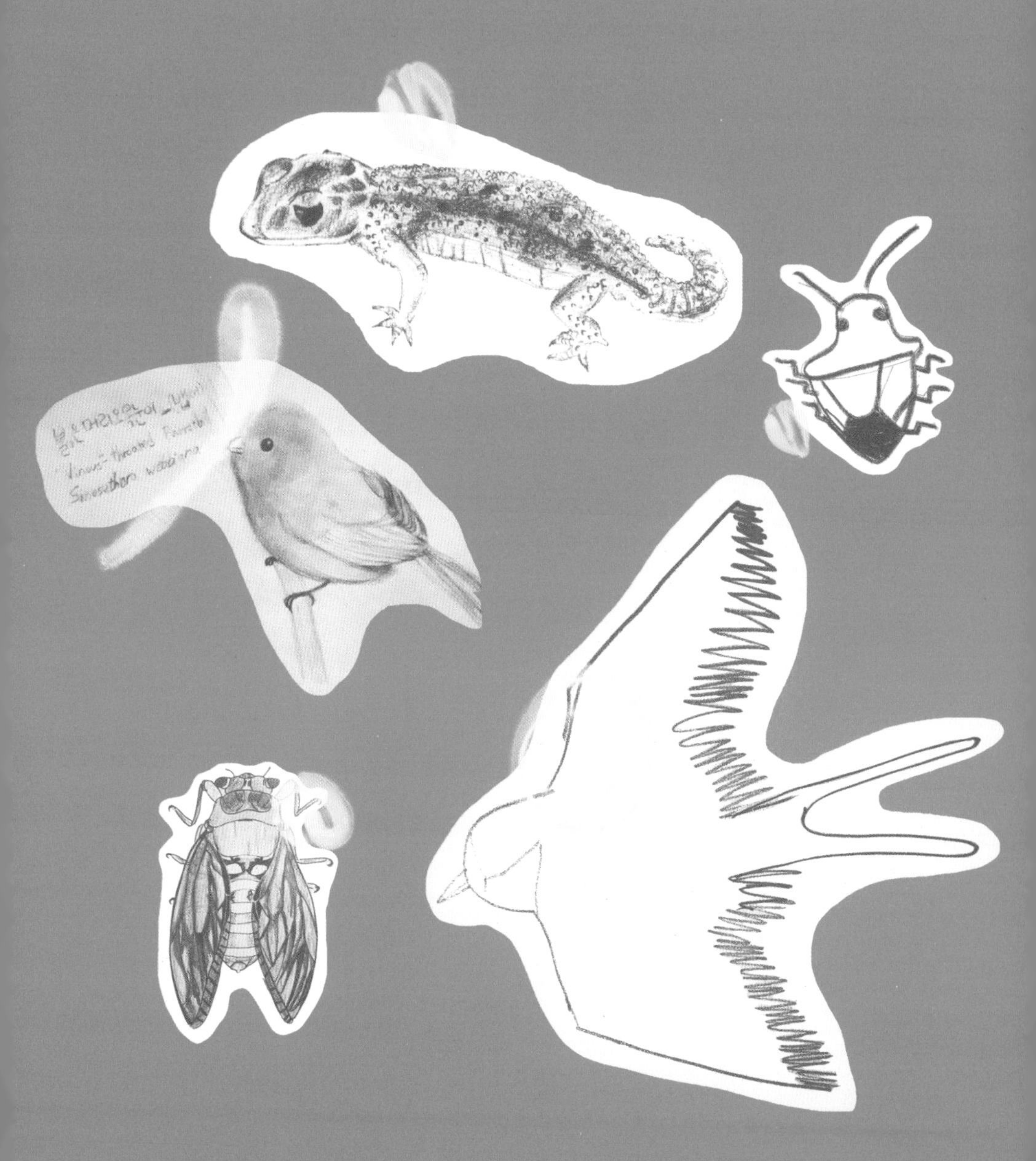

*설득하는가, 설득 당하는가

아이에 대한 이해가 부족하던 시절…. 우리 아이 가방 속에는 용도를 알고 싶지도 않은 비닐, 족집게, 스티커 조각, 초콜릿 통 따위가 아무렇게나 가방을 채우고 있었다. 그 쓰레기 같은 도구들로 뭔가를 수집해서 가방이 터지도록 채워 넣었는데, 그것들은 곧 아이의 방을 가득 차지하곤 했다. 늘 내 몫으로 넘겨지는 너저분한 가방과 정돈하기 힘든 방은 나를 힘들게 했다. 귀엽고 예쁜 열매나 돌 같은 것도 많은데 우리 아이는 아무거나 막 주워오는 것 같았다. 한자리에서 장시간 꼼지락대며 노는 느긋함도 너무 지루했다.

하지만 어느 날부터 어떤 곤충의 더듬이는 빗자루 같다는 둥, 강렬한 느낌의 눈 모양을 가진 캐릭터가 사실은 벌의 눈을 보고 그린 것이라는 둥, 더러운 곤충이라고 무심코 말했다가 되레 곤충의 역할을 조목조목 말하며 맹렬히 반박하는 통에 혼쭐이 나는 등의 일들이 빈번해지면서 차츰 아이에 대한 이해심이 생겨났다. 그제야 쓰레기 같았던 도구의 쓰임새가 궁금해졌고, 점점 즐거운 마음으로 함께 챙기게 되었다. 그 후 수집품도 더 늘어났지만 더 이상 큰 문젯거리가 되지 않았다.

우리 아이 방은 여전히 자연 속에서 얻어온 각종 벌레들의 집, 깃털, 새집, 열매, 껍질, 선물 받은 생물브로마이드들로 빈틈없지만, 아이가 원

하고 꿈꾸는 것이 보이는
자연덕후의 방이라고 생각하며
문을 연다.

아이의 느긋함은 요즘 잰 걸음과 함께 한다. 자기 목에 소금이 맺히는 줄도 모르고 돌아다니지만, 물을 들고 쫓아다니는 내게는 느긋함만 있던 시절이 그리운 개고생이다. 하지만 자신을 포함한 호모 사피엔스들이 자연에게 개체 수를 조절 당하기 전에 어떻게 해야 하는지, 생태 관련 활동을 계속하고 싶은 이유 같은 것을 한마디 툭 하면 나도 모르게 또 설득 당한다.

*선물

"아이를 언제까지 놀리기만 할 거예요?"

"또 탐사 가요? 이제 고등학생인데 어떡할라고?!"

이제는 이 말도 귀에 딱지가 붙었다.

아이가 초등학교 5학년 때 시작한 시민과학 활동이 벌써 7년째다. 캄캄한 밤, 개구리 탐사를 갔다가 어깨 수술을 한지 얼마 안 된 아빠가 깊은 배수로에 빠질 뻔 한 위험천만한 일을 겪은 게 엊그제 같은데 우리 아이가 벌써 고등학교 2학년이 된 것이다.

개구리, 매미, 귀뚜라미, 꿀벌들을 찾아다니며 관찰한 것들은 매년 우리 아이의 결과물로 기록되고 저장되었다. 그리고 그것은 우리 아이에게 변화를 가져다주었다. 학교에서 발표하는 것조차 꺼리던 아이가 수많은 낯선 사람들 앞에서 누구보다도 자신감 넘치게 자신의 탐사 활동을 발표한 것이다. 내가 왜 걱정을 했나 싶게 참 당당하게 잘했다. 자연이 준 첫 번째 선물이었다.

이후 점점 활발해지는 생물 탐사로 인해 나는 당연히 아이의 진로는 '생물'이라고 생각했다.

"엄마, 밤하늘 별이 너무 아름답지 않아요? 우주는 참 멋지죠?"

밤 탐사를 자주 나가다 보니 그러려니 하고 흘려들었던 얘기들이었다. 그런데 지금 우리 차에는 아이가 한푼 두푼 모은 용돈으로 야심차게 산 천체망원경이 실려 있다. 아빠, 엄마의 걱정과 혼란스러움을 아는지 모르는지 우리 아이는 언제부터인가 별에 깊이 빠져들었다. 자연 속 생물과 우주라니! 너 그냥 지구 안에서 놀아주면 안 되겠니? 아님 지구 밖에서 놀든가!!

개구리가 산란하는 초봄부터 슬슬 몸을 푼 우리 고2 아들은 올해 강원도 어느 깊은 산속에서 세모배매미의 존재를 확인하고, 산꼭대기에서 텐트를 쳐 놓고 밤하늘 별을 관측하겠다고 으름장을 놓고 있다. 늘 이런 식이다. 내가 어쩌다 지구 안과 밖을 다 품는 그야말로 엄청난 자연덕후를 낳았단 말인가? 기가 막힐 노릇이다.

하지만, 우리 아들은 자신이 목표한 자연 탐사와 천체 관측을 위해 현재 해야 할 일에 정말 최선을 다한다. 스스로 선택하고 그것을 위해 집중하는 것이다. 이것이 자연이 준 두 번째 선물이다.

낮과 밤의 경계가 없어 하루의 시작과 끝이 모호한 적이 한두 번이 아니고, 한여름에도 패딩을 꼭 챙겨 다녀야 하고, 보기만 해도 무거운 천체망원경까지…. 이 모든 것들이 자연덕후인 우리 아들 덕에 생겼다.

아들은 이제 수능을 앞두고 있지만, 그럼에도 우리 가족은 앞으로도 함께 자연 속으로 계속 나갈 것이고 그 속에서 우리는 또 아들의 행복한 얼굴을 볼 것이다.

다 큰 고등학생 아들과 같은 목적지로 향하는 이 유쾌한 기분! 대화와 공감. 이 모든 것을 가능하게 해 준 자연은 우리 가족이 받은 가장 큰 선물이다.

*네버엔딩 알람

엄마, "매미 약충탐사 꼭! 가고 싶어요."

엄마, "제주도에서 돌고래를 볼 수 있대요."

엄마, "연어탐사는 꼭! 가야 해요. 한 번도 본적이 없어요."

엄마, "대만에 가서 바다거북을 보고 온대요."

엄마, "저어새가 우리 집에서 가까운 인천에 살아요."

어떻게 알았는지 끊이지 않는 알람이 나에게 울려댄다. 아이의 간

절한 부탁이 이어지면 자연스럽게 없는 시간을 쪼개고 교통편을 알아보고 짐을 꾸린다. 언제부턴가 우리 가족은 아이의 탐사알람에 맞춰 주말을 보내고 여행을 계획하게 되었다.

탐사를 다니다 보면 땀과 흙으로 범벅이 되고, 물에 빠지고 벌레에 물리고 때로는 더위와 추위를 견뎌야 했다. 그런데 그 쉽지 않은 과정들을 힘들어하기는커녕 즐기고 있는 아이의 얼굴에는 만족감이 가득 채워진다. 이 해맑고 행복이 충만한 얼굴을 보고 나면 내 마음도 덩달아 만족감으로 채워진다.

앞으로 얼마나 더 많은 알람이 언제 어떻게 울릴지 모르겠다. 하지만 이 알람을 꺼두고 싶지는 않다. 지금도 수시로 울려대는 이 알람으로 현실의 벽 앞에서 나는 늘 고민하고 갈등하게 된다. 이제는 체력적인 한계에 가끔은 버겁기도 하고, 애타게 원하는 걸 모두 해줄 수 없기에 미안하기도 하다. 하지만 아이와 자연에서 함께하고 자연을 알아가는 시간만큼은 너무나 행복하고 달콤하기에 앞으로도 계속 같이하고 싶다.

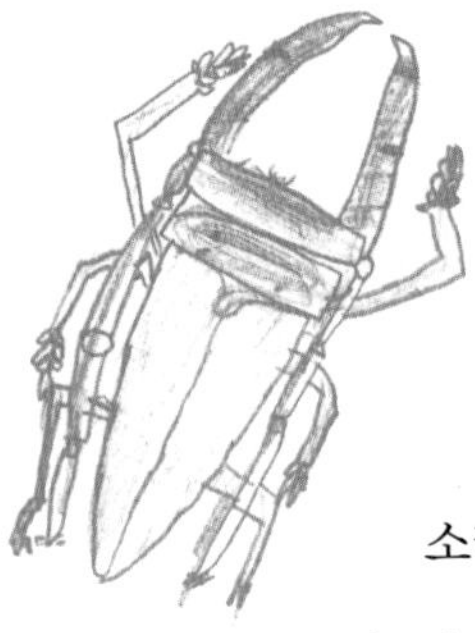

*극한직업, 자연덕후 엄마

"다시는 탐사 가자고 말도 하지 마!" 홧김에 소리를 질렀다. 탐사하고 집에 오면 모두가 피곤하다. 아이에게는 현실의 숙제들이 밀려온다. 내일 학교도 가야하고, 학원도 있다. 집에 오자마자 뻗은 아이를 보자 나도 모르게 한소리 한다. "탐사 가방 좀 잘 놓으라고!", "옷 안 갈아입어!", "안 씻어!", "학교 수행도 다 못하고 탐사를 갔었어? 그럼 이 밤에 숙제를 해야 하는 거야!" 중학교 2학년 큰 딸은 아직도 탐사를 나가고, 탐험을 꿈꾼다. '이걸 언제까지 해야 하는 거지? 이러면서 나는 왜 탐사를 같이 갈까?' 오늘도 고민한다. 사실 자연에서 같이 신나게 놀아 놓고, 아이에게 요구가 많아진다. 자연덕후 엄마 마음이 자연처럼 넓지 않다. '오늘 행복하게 놀다 왔잖아.'하면서도 엄마 마음을 다잡기가 참 힘들다. 사춘기 아이와 부모는 뭘 해도 싸운다. 어차피 그렇다면, 자연에서 같이 시간을 보내는 것만으로도 다행이지 않나.

그러던 어느 늦은 저녁. "내일 시간되실까요?" 성무성 연구원의 전화다. 가야 하나? 말아야 하나? 3시간이면 끝난다는 말에 딸의 탐사를 허락했다. 가슴장화, 족대, 관찰통, 여벌옷과 간식을 챙기고, 보내준 주소로 차를 몰고 달린다. 탐사지는 논에서도 걸어 들어가야 하는 웅덩이였다. 멤버는 무성 군과 큰 딸, 나까지 총 3명. 사람이 부족하다는 말에 결국 나도 가슴장화를 입는다. 황소개구리 올챙이를 채집하기 위해 어른 허리보다 깊은 웅덩이로 들어간다. '헉! 이건 뭐야!' 웅덩이 앞으로 다가가자, 고라니 다리로 보이는 뼈가 앙상하게 널브러져 있다. 와!! 이건 무슨 상황이고, 내가 도대체 어디에 온 것일까? 놀라고 당황할 틈도 없이 무성 군이 외친다. "밟으면서 들어오십시오." 나는 헛웃음만 나오는데, 아이는 좋아라 웃는다. 탐사 후, 챙겨간 뜨거운 물을 컵라면에 부어 먹는다. 나는 오늘도 이색경험에 어리둥절하다. 딸아이 가슴장화 속으로 물이 많이 들어가 추웠나보다. 결국 열이 나고 학원도 못가고 쉬었지만, 딸은 지금도 그날을 이야기하며 행복해한다. 아이는 오늘도 탐사 생각에 할 일이 많다. 덕후엄마는 몸도 마음도 피곤하지만, 아이와 자연 속에서 이런 경험을 할 수 있어 참 감사하다. 그래서인지 나는 오늘도 영양제 한 알 입에 넣고 아이와 함께 다음 탐사지를 기다린다.

*엄마와 자연덕후 아들

엄마란 이름을 달게 되면, 할 수 있는 일이 참 많아진다. 아니, 해내야만 하는 일이 많아진다는 말이 맞는 표현이겠다. 지난 5년간 가장 많이 한 일은 배낭 짐 싸기! 거의 달인이 되었다. 무겁고 덩치 큰 가슴장화를 최대한 작게 접는 것은 많은 연습이 필요한 부분이다.

채집통으로 쓰일만한 재활용 통 모으기는 생활이 된지 오래다. 탐사지역을 가기 위한 경로 찾기와 기차표 끊기는 살아남기 위해 필요조건이 아닌 필수능력이 되었다. 가끔씩 짐 목록에 침낭 두 개가 추가 될 때면, 아들은 부피 큰 침낭을 양쪽 어깨에 하나씩 메고 이젠 제법 어른스럽게 걷는다.

자라나는 순간을 함께하는 시간을 묶어주는 그 중심에 '생태탐사'가 있다. 아이가 자라나듯 아이 곁에서 부모도 쑥쑥 자란다.

✱고단함을 이기는 탐사의 즐거움

두 아이의 탐사 6년차. 탐사하는 아이들을 따라다니는 엄마는 솔직히 힘들다. 탐사 장소가 집 앞이 아닌 이상 어디든 데려다줘야 하고, 장비들도 싣고 따라다니며 기다려야한다.

처음엔 가벼운 마음으로 근처 공원이나 가까운 곳에 같이 탐사를 나갔지만 탐사장소는 점점 먼 거리의 가보지 못한 지역으로 넓어졌다. 편의점 하나 없는 허허벌판 논밭, 사람이 안 보이는 계곡에서 깜깜한 밤에 쪼그리고 앉아 숨죽이고 소리를 녹음하는 시간들도 점점 많아졌다.

게다가 잠자리채, 루페, 헤드라이트, 물에 빠져 진흙이 묻고 냄새도 많이 나는 무거운 가슴장화, 그냥 장화, 마실 물, 급히 닦을 큰 수건…. 장비를 들고 다니다보면 따로 운동하지 않아도 웬만한 근력단련은 충분하다.

그럼에도 종이 속 글로만 익혀왔던 생생한 자연과 생물, 환경을 아이들과 함께 경험하다 보면, 즐겁지 않을 수 없다. 가족들이 매미나 탐사이야기로 몇 시간씩 얘기할 수 있고, 또 덕분에 무섭다는 아이의 중2 시절도 무사히 잘 지나가고 있다. 모두 탐사가 주는 선물이다.

덕질을 하면서 가장 즐거운 순간

익산에 거주하는 닥터구리팀의 유상홍 선생님이 수원청개구리 탐사에 참가하는 열혈 탐사대원들을 자신의 농가에 초대하였다. 선생님은 폐가가 된 농가를 빌렸는데 이 농가는 곧 익산을 찾는 연구원들이나 탐사대원들의 현장 연구센터가 되어버렸다. 농가에는 속속 탐사대원들이 모이기 시작하였고, 그 중에는 2012년도에 수원청개구리탐사대를 처음 시작한 변지민 기자님도 있었다. 그 당시 다른 부서에 있어 탐사대와 관련이 없지만 변 기자님은 탐사대원들의 파티에 빠질 수 없었다. 늘 먹는 삼겹살을 쌈에 싸서 먹었지만, 지금까지 먹어본 그 어떤 음식보다 맛있었다. 덕질을 하면서 즐거운 순간이 많이 있지만 마음에 맞는 탐사대원들이 모여 시끌벅적하게 떠들면서 같이 음식을 먹는 순간을 절대 잊을 수 없다.

부록 탐사 시 주의사항

조류 탐사 주의사항

➔ 새가 놀라지 않게, 조용히 탐사한다.

➔ 새들이 도망가지 않게 천천히 조심히 이동하며 탐사한다.

➔ 탐사 할 때 옷은 원색을 피하고, 자연환경과 비슷한 색깔의 옷을 입는다.

➔ 둥지는 손대지 않는다.

➔ 새의 소리를 듣기 위해 귀를 덮는 모자를 피한다.

➔ 겨울에는 한곳에 서서 관찰하는 경우가 많으므로 보온에 신경을 쓴다.

➔ 거리를 두고 관찰을 한다. 너무 가까이 갈 경우에 새들이 놀라서 다른 곳으로 이동할 수 있기 때문에 멀리서 관찰한다.

조류 탐사 준비물

쌍안경, 카메라(혹은 촬영용 핸드폰), 필드스코프(망원경), 노트/필기구, 등산화(혹은 운동화), 물/간식(탐사 장소는 근처에 가게가 거의 없다)

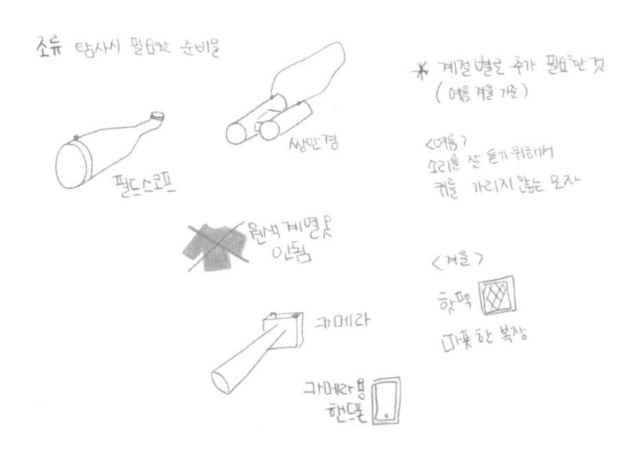

* 참조) 한국의 새, 탐조수칙 및 요령
* 참조) 『어린이과학동아』 웹툰 WildToon : '제비와 함께', '꾸룩새 연구소에 놀러오세요'

민물고기 탐사 주의사항

➔ 물에 들어가서 탐사를 할 경우, 가슴장화를 신고 들어간다. (옷이 젖는 것과 물속에서 미끄러지는 것을 막을 수 있다.)

➔ 허가된 지역에서만 채집을 한다.

➔ 하천에 입수하여 탐사 시에는 반드시 보호자의 동행이 필요하다.

➔ 물고기를 만져야 한다면, 손에 물을 묻히고 물고기를 만진다. 손의 온도만으로도 민물고기는 화상을 입을 수 있기 때문이다.

➔ 물고기를 손으로 세게 잡으면 비늘과 내장이 다칠 수 있기 때문에 조심스럽게 감싸서 만져야 한다.

➔ 간혹, 가시가 있는 물고기(퉁가리, 퉁사리, 자가사리 등)가 있으니 조심히 관찰한다.

민물고기 탐사 준비물

가슴장화, 족대, 투명 아크릴 채집통, 수중카메라(혹은 촬영용 핸드폰), 노트/필기구, 물/간식(탐사 장소는 근처에 가게가 거의 없다)

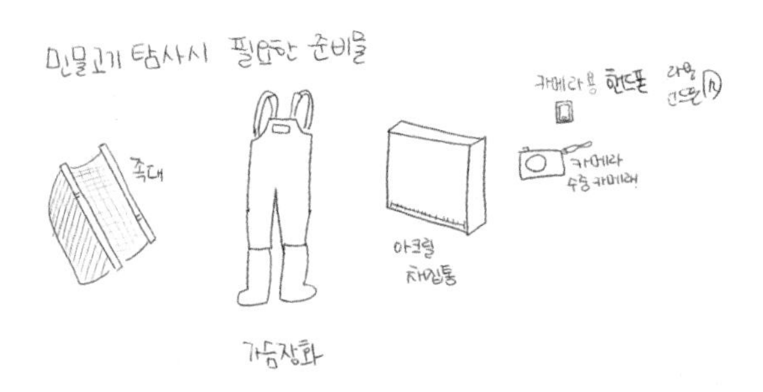

* 참조) 『어린이과학동아』 웹툰 WildToon : '족대 어벤져스'

여름 야간 탐사 주의사항

➔ 모기를 조심한다. 모기기피제 휴대하기.

➔ 야간 탐사 때는 부모님과 함께 한다. 왜냐하면 모르는 어른들이 무엇을 하고 있냐고 계속 말을 걸고 물어본다.

➔ 온라인으로 정보를 공유한다. 다른 장소에서 탐사하는 사람들과 정보를 공유할 수 있다. 다른 장소지만 같이 하는 느낌이 들어서 탐사가 더 재미있다.

곤충·양서류 탐사 준비물

➔ 포충망, 포충통, 지퍼백, 카메라(혹은 촬영용 핸드폰), 등산화(혹은 운동화), 슬리퍼, 루페, 노트/필기구, 물/간식(탐사 장소는 근처에 가게가 거의 없다)

➔ 야간: 랜턴

➔ 여름: 모기 혹은 벌레 기피제, 벌레 물릴 때 바르는 약, 얇은 긴팔 옷

➔ 겨울: 얇은 옷 여러 겹 추천

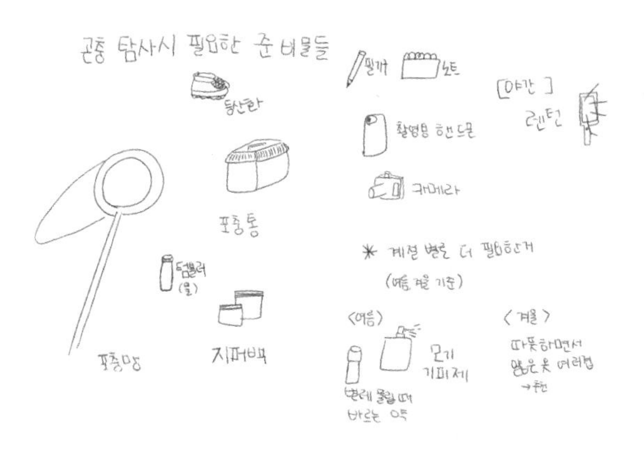

* 참조) 『어린이과학동아』 웹툰 WildToon : '우리나라 모든 매미를 찾아라.'

자연덕후,
자연에 빠지다

초판 1쇄 인쇄 2019년 04월 17일
초판 1쇄 발행 2019년 04월 27일

지은이 대표 장이권
지은이 곽수진, 곽용준, 권기정, 김시윤, 김신혜, 명라연, 박정우, 배윤혁, 성무성, 아마엘 볼체, 엄재윤, 오흥범, 유다은, 유상홍, 이원재, 이유나, 이태경, 이태규, 인진우, 임봉희, 정다미, 정이준, 조명동, 최윤정, 현준서

펴낸곳 지오북(**GEO**BOOK)
펴낸이 황영심
편집 문윤정, 전슬기
디자인 김정현, 권지혜
편집 도움주신 분 전민선, 황경민, 오정영, 임봉희, 최선미, 신현미, 문재인
표지 그림 세모배매미 꼬치동자개 ⓒ 배윤혁, 수원청개구리 ⓒ 이원재
제비 ⓒ 정다미, 연어 ⓒ 정이준
사진 출처 48쪽 성무성 프로필사진 ⓒ 어린이과학동아
94쪽 김신혜 프로필사진 ⓒ 고선아 동아사이언스 센터장
152쪽 인진우 동굴탐사사진 ⓒ Chuang, Ming-feng
188쪽 임봉희 프로필사진 ⓒ KBS 이광록 PD

주소 서울특별시 종로구 새문안로5가길 28, 1015호
(적선동, 광화문 플래티넘)
Tel_02-732-0337 Fax_02-732-9337
eMail_book@geobook.co.kr
www.geobook.co.kr
cafe.naver.com/geobookpub

출판등록번호 제300-2003-211
출판등록일 2003년 11월 27일

ISBN 978-89-94242-63-7 03400

이 도서의 국립중앙도서관 출판예정도서목록(CIP)은 서지정보유통지원시스템 홈페이지(http://seoji.nl.go.kr)와 국가자료종합목록시스템(http://www.nl.go.kr/kolisnet)에서 이용하실 수 있습니다. (CIP제어번호 : CIP2019013971)